炉外底喷粉脱硫工艺研究

周建安　著

北　京
冶　金　工　业　出　版　社
2008

内容提要

本书在综合考虑当今钢铁冶炼过程中脱硫工艺的基础上，从理论与实验的角度阐述了通过透气砖底喷粉脱硫工艺的可行性。全书共分为5章：第1章介绍了硫对成品钢质量的影响以及钢铁冶炼过程各阶段脱硫效率分析；第2章介绍了当今钢铁联合企业炉外脱硫技术和炉外底喷粉脱硫的意义；第3章介绍了传统喷粉冶金设备的特点、狭缝型透气砖底喷粉系统的设计特别是底喷粉用透气砖的设计；第4章通过理论计算与实验验证揭示了气体和气粉两相流在狭缝型透气砖中的流动规律和射流特性；第5章综合讨论了底喷粉脱硫工艺的工业应用的可行性。

本书可供冶金专业的研究生、科研院所的科研人员以及工程技术人员阅读参考。

图书在版编目（CIP）数据

炉外底喷粉脱硫工艺研究/周建安著．—北京：冶金工业出版社，2008.11

ISBN 978-7-5024-4757-1

Ⅰ.炉…　Ⅱ.周…　Ⅲ.炼钢—脱硫—工艺学　Ⅳ.TF704.3

中国版本图书馆CIP数据核字(2008)第168281号

出 版 人　曹胜利

地　　址　北京北河沿大街嵩祝院北巷39号，邮编100009

电　　话　（010）64027926　电子信箱　postmaster@cnmip.com.cn

责任编辑　马文欢　美术编辑　张媛媛　版式设计　张　青

责任校对　栾雅谦　责任印制　牛晓波

ISBN 978-7-5024-4757-1

北京百善印刷厂印刷；冶金工业出版社发行；各地新华书店经销

2008年11月第1版，2008年11月第1次印刷

148mm×210mm；5.125印张；150千字；154页；1-3000册

20.00元

冶金工业出版社发行部　电话：(010)64044283　传真：(010)64027893

冶金书店　地址：北京东四西大街46号(100711)　电话：(010)65289081

（本书如有印装质量问题，本社发行部负责退换）

前　言

炉外处理技术是铁水预处理和钢液二次精炼技术的总称，是介于高炉—炼钢炉之间净化铁水和炼钢—连铸之间净化钢液的两个重要过程，是当今应用最普遍的降低钢中杂质元素含量、提高钢质量的手段。几十年来，铁水预处理和钢液二次精炼技术走过了研究开发、产业化和发展完善的道路，最终确立了其在钢铁生产流程优化和产品结构优化中独特的、不可代替的地位和作用。

铁水预处理起步于20世纪30年代，目前，在日本、美国、西欧一些钢铁工业比较发达的国家发展非常快，铁水预处理量基本在70%～80%以上，有的企业已达100%。我国铁水预处理起步较晚，但近年来发展迅速，已在国内迅速推广应用。

钢液二次精炼技术的发展历史可以追溯到1933年合成渣洗法（Perrin法）在工业上的应用，20世纪50年代开发了真空处理技术，60年代以后各种二次精炼法逐步应用到工业生产中。由于其具有提高钢质量及产量、降低成本、改善劳动条件等优点，发展极为迅速。随着科学技术的发展和进步，国民经济各部门对钢的质量的要求也越来越高，优质钢、纯净钢的需求量不断上升，加之市场对炼钢流程高效率、低成本的要求，各钢铁企业越来越重视二次精炼的作用以及新技术的开发和应用。

顶喷粉工艺因具有良好的热力学和动力学条件，在铁水预处理和二次精炼中得到普遍应用，成为铁水预处理脱硫与二次精炼脱硫主要脱硫工艺。但它也存在喷溅现象严重、金属损耗大、喷枪污染金属液、处理周期长、温降大、投资高、二次氧化和吸氮严重等诸多缺点，对其进行改进或寻求更为合理的新工艺取而代之意义重大。为此，作者大胆设想首次提出并开发出通过透气砖狭缝进行炉外底喷粉脱硫新工艺，同时做了大量的基础理论和实验研究工作，其工艺具有技术先进性和广泛的应用性。

2001年，作者参与了东北大学冶金技术研究所钝化石灰粉剂马鞍山生产基地的工程建设，目睹那如雾似烟的石灰粉，利用罐（包）底透气砖狭缝进行喷粉脱硫的灵感便油然而生，这也成为作者后来的博士课题。在朱苗勇教授的悉心指导下，作者于2007年7月完成了博士论文《狭缝型透气砖底喷粉钢包精炼新工艺研究》。本书就是在博士论文的基础上撰写而成的，可供冶金专业的研究生、科研院所的科研人员以及工程技术人员阅读参考。

在成书过程中，得到了多位老师和同行的鼓励与支持，东北大学朱英雄、战东平、李宝宽等老师审阅了全书，并进行了修改，潘时松博士同样也给予了友情帮助，在此一并致以谢意。同时，感谢中冶华天工程技术有限公司、东北大学冶金技术研究所有限公司、无锡市百汇机械集团有限公司的大力支持和帮助。

受本人学识所限，书中定有不当之处，敬请读者赐教和斧正。

作　者

2008年7月

目　录

1 绪　论

1.1 硫对钢性能的影响

硫是钢中最常见的有害元素之一。随着工业和技术的发展,人们对钢材的质量提出了更高的要求。硫含量超过规定值,将导致钢的热脆,另外,钢中的硫化物还会引起钢耐腐蚀性能变坏等。因此考虑钢中硫及硫化物对钢材性能的影响,对不同的钢种有不同的硫含量范围要求。

1.1.1 对热加工性能的影响

钢中硫含量高，会使钢坯、轧制产品表面裂纹增多，大大增加精整量，硫含量高于0.02%时，板坯表面缺陷数量为低硫含量板坯的两倍。硫含量对无缝钢管表面质量的影响也非常明显，表面缺陷随硫含量的降低而减少，硫含量（质量分数）从0.03%降至0.012%的半镇静钢钢管，表面裂纹报废率从25%降至3%。腐蚀油气井钻探管用不锈钢管，在轧制过程中，由于硫含量影响热加工的定径率，硫降至0.001%才不受影响，见图1-1。

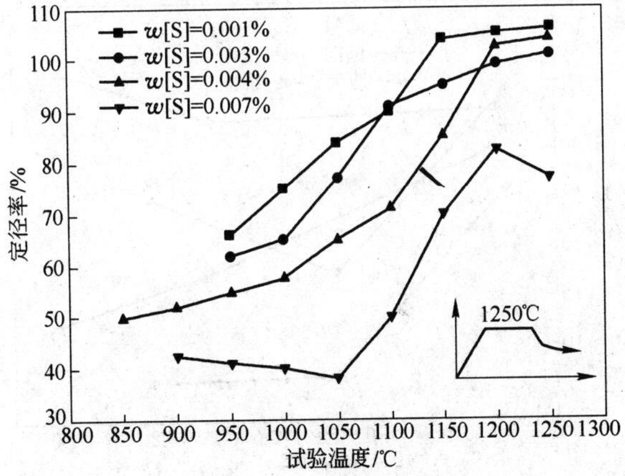

图1-1　硫含量对不锈钢无缝钢管热加工性能的影响

在低碳钢的奥氏体区内，钢的断面收缩率随着温度的降低而减小，并且随着硫含量的增加，断面收缩率减小的程度显著。这是在奥氏体区域内固溶的硫在晶界偏析和低熔点的FeS在晶界析出使晶界脆化造成的。因此，通过增加 $w[Mn]/w[S]$ 比，降低钢中硫含量，可使热加工性能提高。

1.1.2　对力学性能的影响

钢中硫含量高对延性有影响，钢锭、连铸坯在加热过程中MnS夹杂在晶界析出，轧制过程延伸拉长，钢的横向性能变差，使纵横向异性变大。降低钢中硫含量，可以减少钢中MnS夹杂的数量，从而提高钢材的横向延性，也大大提高纵向的性能。

降低钢中硫含量可提高室温及低温缺口韧性。随着钢中硫含量的提高，钢的冲击韧性呈下降趋势，特别是横向韧性，见图1-2。激光焊ASTM A719船舰低硫钢板在－60℃的CVN冲击功比高硫钢高两倍。A719钢的镍铂复合钢板，激光焊接接头在－68℃，冲击功超过353J。AISI 4140阀门锻钢的硫含量从0.04%降到0.003%，冲击韧性提高3倍。2.25CrMo钢的硫含量从0.008%降至0.003%，室温冲击韧性（CVN）由135J提高到260J。低温环境下用的钢还需具有很高

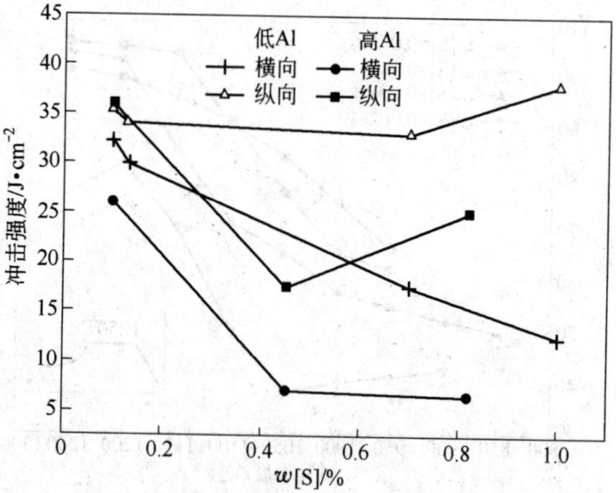

图1-2　钢中硫含量对冲击韧性的影响

的低温韧性，如油、气、液化天然气管线用的低合金高强度钢和9% Ni钢。

1.1.3 对焊接性能的影响

焊接时随着抑制热应力在沿压扁的硫化物夹杂平面上会产生层裂，$w[S] \leqslant 0.005\%$，横向断面收缩率达到40%，可以完全避免层裂。焊接热影响区，即使有少量MnS细粒，也会推迟奥氏体晶粒长大，淬硬性增加。为避免硬度过高，即使降低碳含量，硫含量低到0.002%时，热影响区也有可能产生裂纹。

1.1.4 对腐蚀的影响

钢在轧制和热处理过程中，部分束状MnS夹杂被溶解，作为MnS细粒扩散析出，成为碳钢、不锈钢产生点蚀的潜在区。碳钢表层没有稳定的氧化膜，很容易产生点蚀。

硫化物夹杂也是不锈钢产生点蚀成核的部位。本来不锈钢表面的氧化膜与硫化物夹杂接触不易发生化学作用，但硫化物发生阳极溶解，使不锈钢表面的保护膜不存在，从而引起点蚀。

多年来，油气管线钢管在使用过程中，因HIC和SSCC造成不少事故。为此，生产油气管线用的钢板已将HIC列为检验考核指标之一。HIC和SSCC主要由电化学腐蚀引起。在腐蚀性油、气井中，H_2S、CO_2和有机酸等是主要的腐蚀剂。腐蚀性气体与钢表面接触，引起电化学作用。阴极氢离子从阳极铁离子获得正电子而变成原子氢，渗入腐蚀层扩散进入钢中与硫化物夹杂相遇而产生裂纹。这种裂纹有两种：一种是HIC，另一种是SSCC。HIC和SSCC的产生与钢中硫含量或硫化物有关，为此必须降低钢中硫含量或进行夹杂物变性处理，制约硫化物偏析，提高钢的纯度，可以进一步防止产生HIC和SSCC。从前人的研究可知，要得到无HIC钢，低合金高强度钢中$w[S] \leqslant 0.001\%$。电解液的腐蚀性随pH值的降低而增加，pH值高时，钢表面生成一层保护膜，增强抗腐蚀性，pH值大于4时，而显示其作用。在硫含量相同的情况下，pH值为3的腐蚀敏感性比pH值为5的高出一倍。HIC的检验用BP（British Petroleum）或 NACE（National Association of Corrosion Engineers）试验法进行。

高强度钢在应力作用下也引起 SSCC，油、气管线钢的 SSCC 一般局限于焊接区硬度高的部分，为防止产生 SSCC 的破坏作用，降低硬度（HRC22）是有效的，另外，降低钢的碳含量或采用低强度钢种均可。

1.1.5 对成型性的影响

汽车用冷轧薄板冷成型性的工艺要求极为严格，汽车底盘需要很好的横向弯曲性能，钢中硫化物夹杂影响汽车横向弯曲减边时产生裂纹，冲压、深冲汽车部件、采用低硫钢冷轧薄板，几乎消灭了减边裂纹。钢的硫含量低到 0.003% 时，焊接辐轮，随后再成型轮缘，缺陷可减少 1/5 ~1/10。

1.1.6 对冷镦性能的影响

大部分棒材中的夹杂物是沿棒材轴向延伸拉长的，对纵向延性影响小，而大部分棒材要承受冷镦加工，如生产螺栓、螺钉要承受很大的轴向压缩应变，相应产生很大的圆周拉伸应变，拉伸应变垂直于夹杂纵轴，从而大大影响裂纹敏感性。

1.1.7 其他影响

在 Ti-IF 钢中，元素硫对碳的固定有很大影响（见图 1-3 及图 1-4），当钢中 S/C >1（原子比）时，平衡析出过程中，Ti-IF 钢中的碳可完全以 $Ti_4C_2S_2$ 析出，可有效固定间隙原子 C。因为 $Ti_4C_2S_2$ 较 TiC 的析出温度高，稳定性好，对 Ti-IF 钢来说，是固定间隙原子 C 的有效形式。因此，在 Ti-IF 钢中应使 S 与 C 含量相匹配。

硫对钢也有有利影响，即它能改善钢的切削性能。MnS，特别是稀土硫化物的这一作用更为显著。硫的这一作用至今仍为人们研究和利用，一些含硫易切削钢正在不断被研制出来。

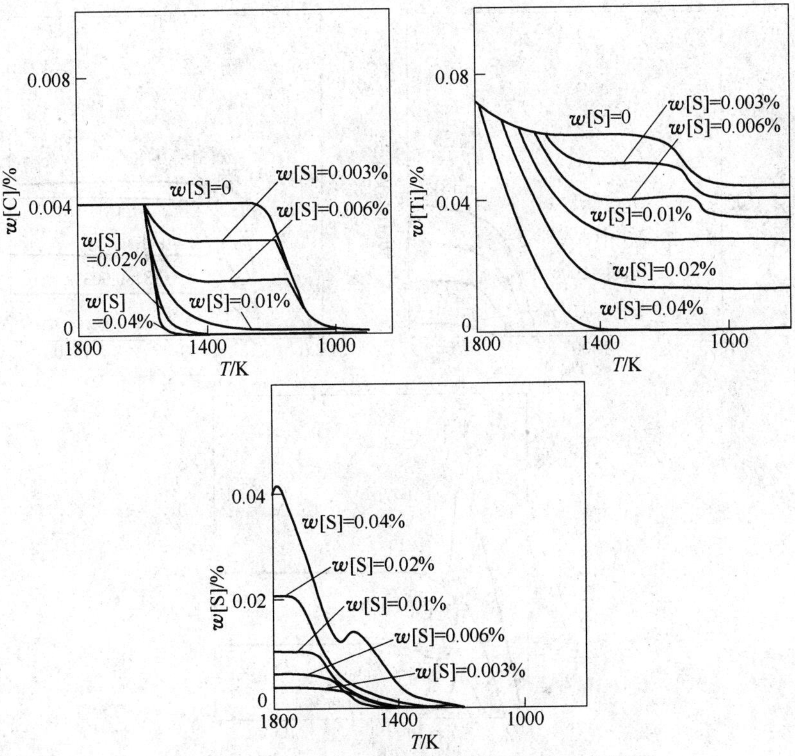

(0.0010%C-0.0030%N-0.070%Ti-0.15%Mn,0～0.04%S)

图 1-3 硫含量变化对元素平衡固溶的影响

1.2 用户对钢中硫含量的要求

一般来说，对钢中硫含量的要求如下：普通钢 $w[S] \leqslant 0.05\%$；优质钢 $w[S] \leqslant 0.02\%$；低硫钢 $w[S] \leqslant 0.01\%$；超低硫钢 $w[S] \leqslant 0.005\%$。

为了防止普通钢连铸钢坯产生内部裂纹，得到良好的表面质量，要求普通钢硫含量小于 0.020%。

为了使结构钢具有良好的力学性能（即减弱各向异性），要求钢中硫含量小于 0.01%。

为了使石油和天然气输送管道钢具有良好的抗氢致裂纹和抗 H_2S

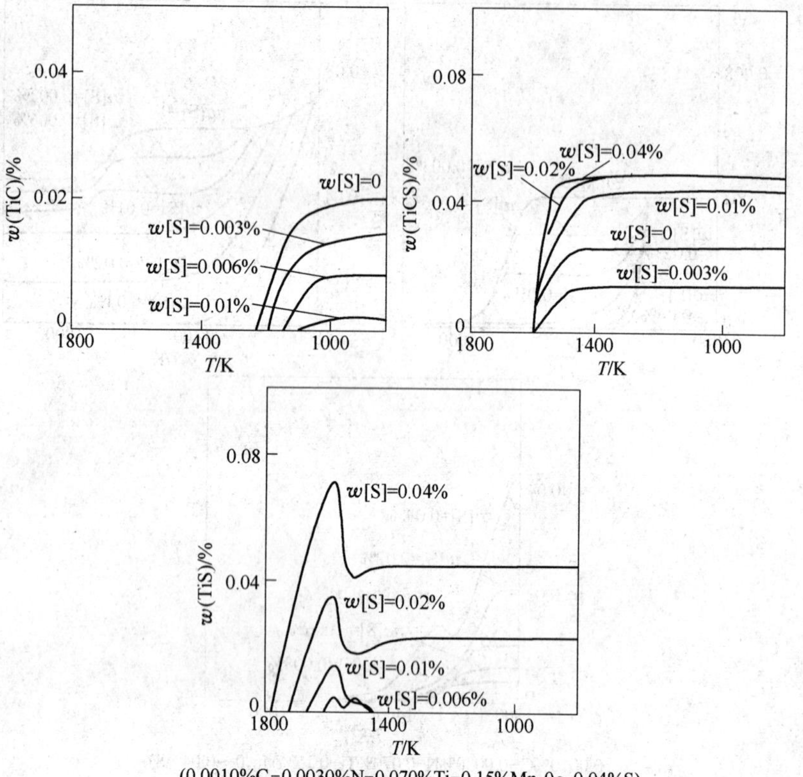

(0.0010%C-0.0030%N-0.070%Ti-0.15%Mn,0～0.04%S)

图 1-4 硫含量变化对元素平衡析出的影响

腐蚀性能，薄板钢具有良好的深冲性能，硅钢具有良好的磁性，要求这些钢中硫含量均小于0.005%。

近年来，随着科学技术的不断发展，尤其是航天技术、汽车制造技术、核工业技术、石油开采技术的发展，对钢铁等工程材料的质量提出了越来越高的要求。特别是在钢铁产品面临被新型工程材料如铝、塑料、玻璃等取代的巨大压力和挑战的今天，提高钢的洁净度越来越成为钢铁冶金技术研究的重要课题，甚至可以说提高钢的洁净度已成为每一种钢铁产品的任务。

钢的洁净度是反映钢的总体质量水平的重要标志，是钢内在质量的保证指标。钢的洁净度通常由钢中有害元素（P、S、N、H、T. O）含量以及非金属夹杂物的数量、形态和尺寸来评价。为了获得“清洁和纯净”钢，力争降低钢中P、S、N、H、T. O含量及夹杂物的数量，控制其形态和尺寸分布等。因为这些因素单一或综合作用的结果，可以大大地影响钢的性能，如抗拉强度、成型性、疲劳性能等。因此，为了改善钢的性能，必须对钢的洁净度进行严格控制。目前，钢中P、S、N、H、T. O含量（质量分数）已可降低到0.005%以下，而且，有进一步降低的趋势。

硫及硫化物洁净度作为钢的洁净度的重要标志之一，对钢材性能有重要影响。近年来，随着相关行业的技术升级和相关技术的快速发展，用户对低硫钢和超低硫钢（$w[S] \leqslant 0.004\%$）的需求量日益增加，对钢中硫含量的要求也越来越严格，一些特殊用途的高级钢，对硫含量的要求往往低于0.002%，国外有的厂家甚至低于0.001%。比如，为了满足管线钢不断提高的韧性要求，特别是酸性气体输送管道抗HIC性能的要求，对钢中硫含量的要求不断降低，见图1-5。

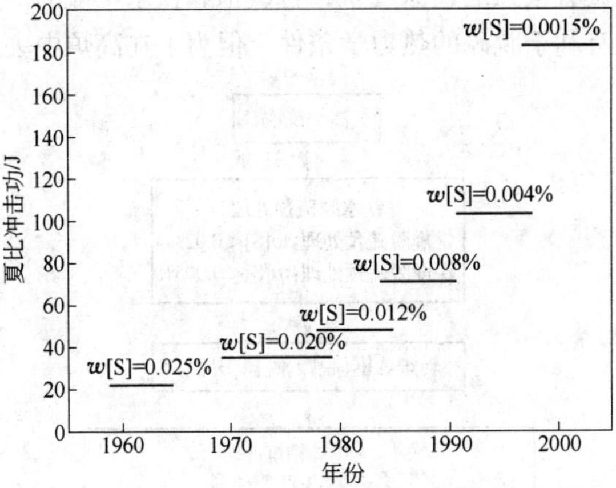

图1-5 管线钢冲击韧性要求的发展情况

从钢铁冶炼本身的技术发展看，目前的炼钢工艺发展已经与传统的冶炼工艺完全不同。传统的模铸工艺流程简单，生产效率低。目前，采用模铸方法的铸锭工艺已经被连铸工艺所取代，在连铸过程中，如果钢中硫含量过高会造成浇注时铸坯产生裂纹，对产品质量有极大影响。而且在连铸坯中，硫含量过高引起的成分偏析也十分严重，因此，从冶炼技术本身的发展来看也需要降低钢中硫含量。

另外，由于钢铁企业间竞争的日益激烈，为了加强企业的市场竞争力和抢占钢材市场份额，目前企业间往往采取降低生产成本、提高产品质量的方法来加强企业自身的竞争力，因而造成目前许多钢厂产品的实物质量水平远远优于国家标准。以石油管线钢为例，国外产品钢中硫含量普遍小于0.0015%，最低已经达到0.0005%左右。我国的实物水平均在0.001%～0.005%，与国外还存在较大差距，但已远远低于API标准规定的硫含量。而且从目前情况看，各厂为了进一步提高自身的竞争力，还在采取措施进一步降低钢中硫含量。

1.3 钢铁冶炼过程各阶段脱硫效率分析

图1-6所示为当前生产优质钢、低硫钢、超低硫钢的一种工艺路线。

高炉内具有很强的还原气氛，含碳饱和铁水中硫的活度系数高达5～6，这都有利于脱硫的热力学条件，但为了在高炉中去硫，必须放

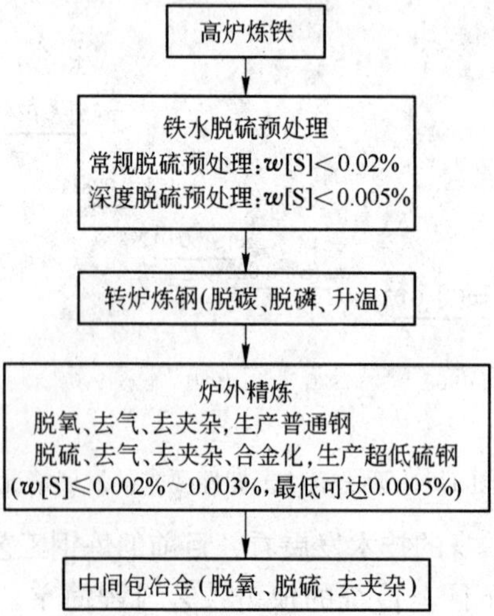

图1-6 钢铁冶金脱硫工艺路线

弃比较经济易行的酸性渣操作而采用低碱度的碱性渣（碱度不大于1.1），提高炉缸温度。这势必增加焦比，增加成本。

铁水脱硫预处理不仅具备高炉脱硫的有利条件（还原气氛，硫活度系数高），还可以采用不同的脱硫剂来进一步脱硫，提高脱硫率。其缺点是铁水温度有所下降，同时扒渣会带来一部分铁的损失。

转炉内是氧化气氛，铁液中硫活度系数接近1，不利于脱硫，但转炉可以选取碱度较高的熔渣脱硫。所以转炉有一定的脱硫条件，但脱硫率不高。

LF精炼过程中可以造高碱度渣，且可在强还原条件下脱硫，其脱硫率为：

$$\eta_S = \left\{1 - \frac{1}{L_S\dfrac{m_S}{m_m}+1} - \frac{\dfrac{(\%S)_0}{[\%S]_0}\times\dfrac{m_S}{m_m}}{L_S\dfrac{m_S}{m_m}+1}\right\}\times 100\% \qquad (1\text{-}1)$$

式中 $(\%S)_0$——脱硫前渣中硫的质量分数；

$[\%S]_0$——脱硫前钢中硫的质量分数；

m_S——熔渣的质量；

m_m——钢液的质量；

L_S——硫在渣和钢的分配比，即 $L_S = \dfrac{(\%S)}{[\%S]}$。

当 $(\%S)_0\dfrac{m_S}{m_m} \ll [\%S]_0$ 时，上式可简化为：

$$\eta_S = \left\{1 - \frac{1}{L_S\dfrac{m_S}{m_m}+1}\right\}\times 100\% \qquad (1\text{-}2)$$

式（1-1）和式（1-2）中，渣-钢间脱硫反应达到平衡时，η_S达到最大值。若取 $L_S=200$，相对渣量$\dfrac{m_S}{m_m}=0.02\sim0.04$（即渣量为金属量的2%～4%），则最大脱硫率可达到90%左右。

但由于动力学条件（如渣与钢充分接触状态）所限，要达到较高的脱硫率需要更长的时间，这就在经济上和工艺衔接上存在很大间题。

近年来，通过开发中间包的冶金功能，强化中间包冶金效果，在中间包中采用高碱度覆盖剂也有利于钢中硫含量的进一步降低，但中间包脱硫效率较低。

由此可见，在高炉、铁水脱硫预处理、转炉、炉外精炼和连铸各个阶段中，都可以对铁水或钢液进行脱硫。但是，钢铁联合企业从经济因素和工艺顺行以及提高产品质量方面考虑，铁水预处理脱硫与炉外精炼脱硫应为当今最主要的脱硫方式。

2 炉外脱硫

近20年来，科学技术的不断发展，尤其是航天技术、汽车制造技术、核工业技术、石油开采技术的发展，对工程材料的质量提出了越来越高的要求，因而引发了钢铁材料生产行业洁净钢生产技术的迅速发展。为了满足社会上的这种需求，钢的生产工艺流程发生了巨大变革和进步。特别是为提高钢材内部的质量和纯净度，近年来，各式各样的炉外处理装置被大量应用，如RH、LF炉等。当然，这些装备的应用为降低钢中各类非金属夹杂物的含量以及夹杂物形态的改变，特别是在生产特殊纯净钢方面起到了重要的作用。但是其投资大，运行成本高，也给提高企业的市场竞争力带来了障碍。为此，冶金工作者都在研究针对不同的品种采用合适的精炼方式，以尽可能地提高钢纯净度并降低钢的生产成本。

多年前冶金界就对“纯净钢”的概念进行争论，今天人们不但掌握了各种纯净钢的生产工艺技术，而且提出了“超纯净钢”的概念。真空感应熔炼的方法可以使钢中 $w[\mathrm{T.O}]$ 达到0.0002%，$w[\mathrm{S}]$ 达到0.0002%，$w[\mathrm{N}]$ 达0.0002%，这说明钢的生产正在向着有害元素尽可能低的方向发展。

为了满足社会对钢材的需求和不断提高企业间的竞争能力，各企业都在为节约能源、合理利用冶金资源而纷纷选用最佳炉外处理工艺方法。铁水预处理脱硫技术和二次精炼脱硫技术因自身优势明显，发展非常迅速，成为当今最主要的脱硫方式，受到冶金界的青睐。

2.1 铁水预处理脱硫技术

铁水预处理工艺兴起于20世纪70年代，开发初期，仅作为避免出现铁水成分出格的补救措施而用于生产。铁水预脱硫是指铁水进入炼钢炉前的脱硫处理，它是铁水预处理中最先发展成熟的工艺。目前，铁水预处理和钢液炉外精炼已成为近60年来钢铁工业迅速发展起来的两项重要工艺技术。要生产出低硫钢（$w[\mathrm{S}] < 0.01\%$）和超

低硫钢($w[S] < 0.005\%$),必须采用铁水预脱硫工艺。随着钢铁生产的进步,铁水预处理已逐渐发展成为对完善和优化整个钢铁生产工艺流程,确保节能降耗、优质高效总体目标得以全面实现的不可缺少的独立工艺环节。

铁水预处理在日本、美国等国家发展非常快,铁水预处理量基本上在70%~80%以上,有的企业已达100%。其中日本"三脱"技术发展最快,应用最广泛。我国铁水预处理起步较晚,但近年来发展最快,宝钢、太钢等分别建成了"三脱"预处理设备,鞍钢、武钢等多家企业都建成了铁水预脱硫、预脱磷设备。

2.1.1 铁水预处理脱硫的意义

众所周知,在钢铁冶炼工艺流程中,脱硫的主要手段是通过喷粉或加入造渣材料等形成熔渣的方法对铁水或钢水脱硫。提高熔渣脱硫效果,主要靠提高熔渣碱度、降低体系中氧势、降低炉渣中硫的浓度、提高脱硫体系的温度以及铁水中硫的活度系数来完成。

2.1.1.1 减轻高炉的脱硫负担

对于高炉来说,使用低硫优质焦炭、煤粉和杂质少、性能好、高品位矿石(通常说的精料)生产的生铁质量高、成本低、能耗少。煤和铁矿均为不可再生资源,低硫优质煤、高品位铁矿储量有限。随着优质资源的减少,高炉原料的硫负荷将不断升高。这就要求高炉在较高硫负荷的条件下,冶炼出硫含量达到合乎标准的生铁。

铁水预处理脱硫,靠加入铁水中的脱硫剂脱硫,脱硫产物进入炉渣。与高炉脱硫条件相比,铁水预处理脱硫工艺除了铁水温度略有降低之外,铁水的低氧位、较大的硫活度系数等有利于脱硫的条件均未改变。

需强调指出的是,之所以铁水预处理脱硫很重要,是因为铁水预处理脱硫可减轻高炉脱硫负担,适当放宽高炉生铁硫含量标准。对高炉生产而言,它具有"解放"的意义。这是因为,减轻高炉的脱硫负担,意味着炉渣碱度降低、渣量减少、焦比降低、炉况顺行,使得生产率大幅提高,生产成本显著降低,提高了高炉的技术经济指标。炉料中较高的硫负荷不再是高炉炼铁的沉重负担。

2.1.1.2 降低转炉脱硫负荷

转炉炼钢时，吹氧脱碳使铁水中碳硅含量降低，导致铁水中硫的活度系数降低，且炉内是氧化性气氛，即炉内氧位较高，使得转炉炼钢时脱硫条件很差。如果必须提高脱硫效果，则要造高碱度渣，这将延长冶炼时间、增加铁损、提高冶炼成本，操作不当还会造成钢液回磷。理论与实践均证明，靠转炉炼钢脱硫既不合理也不经济。在传统钢铁冶炼工艺流程中，要求脱硫尽可能或最大限度地在高炉炼铁时完成，炼钢生铁中硫含量标准较低。

2.1.1.3 铁水预处理脱硫是生产优质钢的要求

20世纪80年代以来，近海石油开采、汽车制造工业和大型建筑工程等领域的快速发展，对钢材质量要求越来越高，要求更多的钢材具有高纯净度、高强度、高均匀性以及较长的寿命等。

面对这一情况，高炉即使向转炉提供硫含量较低的铁水，再经转炉、炉外精炼也难以冶炼出合格的低硫或超低硫钢，即或能生产，其生产成本也太高。如果继续降低炼钢生铁的硫含量标准，进一步增加高炉的脱硫负担，无论从技术上、经济上以及资源的合理利用上均不合理。因此，必须进行铁水预处理脱硫，以满足生产纯净钢、优质钢的要求。

使铁水中的硫含量达到0.020%，其中，15%～30%的铁水用电石进行二次预处理脱硫，使得硫含量不大于0.003%。之后，经转炉吹炼、炉外TN喷粉和RH真空处理，生产硫含量为0.004%的低硫钢。

瑞典SSAB公司，采用铁水常规脱硫预处理生产硫含量为0.010%～0.030%的钢种，采用铁水深脱硫预处理和钢液深脱硫生产硫含量低于0.007%的钢种。

北美即使冶炼普通钢也采用铁水预处理脱硫，将铁水硫含量降至0.010%以下。因为产品质量的提高，其附加值、市场竞争力均大幅增加。

汽车用钢、海上采油平台用钢、石油管线钢、硅钢等要求更高的性能，原工艺不能满足要求，采用铁水预处理可以提高钢的纯净度和性能。采用铁水预处理对新品种开发也起着重要的推动作用，厚船板钢、抗氢致裂纹钢、IF 钢，转炉冶炼高碳钢、高锰钢、高铬钢、焊条钢、合金钢、不锈钢、航空用钢、无缝钢管用钢、防腐钢及钢轨钢等用铁水预处理后开发了许许多多新钢种，大大扩展了转炉冶炼钢种的范围。通过铁水预处理保证了转炉冶炼顺行。为提高表面质量和防止普通钢板坯内裂纹，规定 $w[S]$ 小于0.02%；为防止结构钢各向异性，要求 $w[S]$ 不大于0.011%。

20 世纪 80 年代初期，欧洲钢铁企业为提高质量和竞争力，规定大批量生产 $w[S]$ 不大于0.02%，小批量生产 $w[S]$ 不大于0.01%，优质钢 $w[S]$ 不大于0.005%。1994～1995 年要求进一步提高：70%的产品 $w[S]$ 不大于0.015%，50%的产品 $w[S]$ 不大于0.010%，28%的产品 $w[S]$ 不大于0.005%，10%左右的产品 $w[S]$ 不大于0.002%，日本20 世纪 80 年代中后期，产品实物质量已达到相当高的水平。上述质量水平的钢，无疑必须进行铁水预处理，日本五大钢铁企业转炉钢厂均配备三脱、双联法设备。

2.1.1.4　铁水预处理脱硫保证连铸和连铸坯质量

硫化物夹杂物影响连铸顺利进行，有时会造成漏钢。同时容易引起铸坯内裂纹的产生，严重影响铸坯表面质量，降低连铸坯收得率、轧材合格率和成材率。因此，国内外大型企业供连铸流程用的铁水在进入初炼炉前基本上全部经脱硫处理。

2.1.1.5　铁水预处理脱硫有较好的经济效益

美国内陆板材公司在分析了现场条件下从高炉到钢包各阶段脱硫费用后发现，转炉中脱硫费用最高，铁水脱硫费用最低。

采用铁水脱硫后，高炉铁水硫含量可以放宽要求，从而高炉炉渣碱度可以降低，如从1.2 降到1.06，焦比可降36kg/t，生产效率提高13%。

美国的J. C. Agarwa 的研究结果表明，将高炉铁水硫含量从0.03%放宽到0.07%，对全部铁水进行预处理脱硫，将铁水硫含量从0.070%降至0.015%，高炉冶炼成本降低。

宣钢使用的结果是：焦比降低 20kg/t，增产 5%，一级品率从20%增至80%～90%，吨铁效益10 元以上。冷水江铁焦总厂采用铁水脱硫后，经济效益100 万元/a 以上。

用处理后的铁水炼钢，可以减少熔剂加入量，进行少渣（或无渣）炼钢，减少了熔剂消耗，也减少了铁损，炉衬寿命提高；缩短吹炼时间，可以提高生产率。SRP 工艺表明，熔剂消耗几乎减少一半。NKK 福山厂渣量从 100kg/t 减至 30kg/t，冶炼周期缩短 2 ~ 3min。

总之，采用铁水预处理后，企业产品质量得到提高，竞争力增加，市场占有率扩大，对提高企业生存和发展能力来说，具有重要意义。更高附加值产品的开发，适应能力的增强，为企业发展注入了新的活力。

2.1.2 铁水预处理脱硫技术的发展概况

铁水预处理脱硫对于优化钢铁冶金工艺、提高钢的质量、发展优质钢种、提高钢铁冶金的综合效益起着重要作用。它已发展成为钢铁冶金中不可缺少的工序。根据历史发展的特点，铁水预处理脱硫大致可分为三个时期：

（1）初始试验期（19 世纪末 ~20 世纪 60 年代）。1877 年，英伊顿和贝克用苏打在高炉铁水沟铺撒脱硫。1927 年，美邦尔斯公司在化铁炉铁水罐中加苏打脱硫。1947 年，瑞典人卡林用石灰粉在卧式回转炉中脱硫。1959 年，瑞典人 Ekettop 和 Kaling 在 3t 摇包上用 CaC_2脱硫。1962 年，日本神户试验了 40t 双向摇包。1965 年，日本钢管公司和住友公司用机械搅拌法（KR 法）脱硫。1968 年，德国蒂森公司用 95t 吹气搅拌法（DO 法）脱硫。1974 年，日本神户加古川厂用 200 大气泡泵法（GMR 法）脱硫。上述种种试验，除机械搅拌法（KR 法）外，因效率差、温降大、炉衬寿命低等原因多被淘汰，但给脱硫剂的选择和使用积累了初步的经验。

（2）大发展时期（20 世纪 70 年代 ~ 80 年代）。20 世纪 70 年代以来，氧气转炉迅速取代平炉，进入转炉的铁水硫含量直接影响着成品钢中的硫含量。同时喷射冶金技术迅速发展，使铁水喷吹法（TDS 法）投入使用。这期间世界各大钢铁公司纷纷建成了专用的铁水脱硫站，建站位置多选在高炉和转炉之间的运输线上，使用原有的铁水罐和鱼雷罐车进行脱硫。这期间，美国各厂盛行镁焦法，即将定量的含镁焦炭压入铁水进行脱硫。但因加入量无调节余地后来都改为喷吹法。

（3）成熟期（20世纪90年代至今）。20世纪80年代后期，由于炼钢工艺技术的发展，要求从铁水带入的化学热减少，允许铁水硅含量降低至0.3%左右，从而减少炼钢渣量。新钢种的开发和纯净钢的需求增加，使在原有脱硫工艺的基础上进一步开发了深脱硫工艺，同时也发展了脱硅和脱磷同时脱硫。

冶金学家早在20世纪30年代就进行生铁炉外脱硫研究。40年代，施蒂策尔贝格首先用回转炉进行生铁脱硫。60年代初这种办法取得了进一步发展，并根据瑞典的一家工厂的名字取名为多姆那尔维特法。使用这种方法是把 CaO + C 投入旋转滚筒中进行生铁脱硫。用多姆那尔维特法处理，可以把生铁中的硫降低到0.010%以下。

在20世纪60年代末研制出来的用震动铁水包将生铁脱硫的方法，是多姆那尔维特法进一步的发展。

我国武钢自1976年引进KR法一直生产至今。1985年，宝钢引进TDS法，同期天钢、宣钢、攀钢、酒钢、鞍钢、冷水江等厂先后由我国自行设计建成脱硫站。1988年，太钢引进铁水脱硅、脱硫、脱磷“三脱”技术，建成铁水预处理站。1998年，宝钢一炼钢从美国引进 CaO + Mg 粉复合喷吹脱硫技术，宝钢二炼钢从日本川崎引进铁水“三脱”技术，建成铁水预处理站。同年，本钢引进加拿大霍戈文厂工艺和美国洛斯波格喷粉设备建成石灰镁粉复合喷吹脱硫站。1999年，鞍钢二炼钢也从美国引进石灰镁粉复合喷吹技术，建成脱硫站。随后，包钢也从美国引进石灰镁粉复合喷吹技术建成脱硫站。

我国虽然钢产量从1996年起年产量超过亿吨，已成为钢铁生产第一大国，但在生产工艺、装备、钢材品种、质量、成本、高附加值产品等方面与发达国家相比还有一定的差距。中国加入WTO后，钢铁工业成为全国第一个全面对外开放的行业，正面临着世界范围内的激烈竞争。全球钢铁产量过剩，国际市场价格低于国内，而且国内市场急需的板材等高附加值产品还需大量进口，因此充分发挥铁水脱硫站的能力，根据各厂资源和产品的特点，研究开发脱硫剂、喷吹工艺和自动控制技术是十分必要的。

2.1.3 铁水预处理工艺及其存在的问题

自从冶金学家在20世纪30年代研究生铁脱硫以来，通过几十年的发展，现在已有数十种处理方法。目前所采用的大致可分为分批处理法和连续处理法两大类。分批处理法有专用设备，铁水分批（罐或包）在该设备中进行脱硫处理；连续处理法设备比较简单，是在铁水在铁水沟中流淌或混铁炉出铁时加入脱硫剂而进行脱硫的方法。

2.1.3.1 铁水预处理方法

从实际应用的角度看，分批处理法应用比较广泛。分批处理法又可分为铺撒法、倒包法、机械搅拌法、吹气搅拌法、喷射法、镁脱硫法等。

目前常用的铁水预处理方法见表2-1。

表2-1 常用的铁水预处理方法

方法	工艺	评价
出铁沟铺撒冲混法	往出铁沟或盛铁罐内撒入脱硫剂	该方法操作简单，但脱硫效率较低，且不够稳定
机械搅拌法	目前主要采用的方法为KR法，在铁水罐中边加脱硫剂边搅拌脱硫	该方法处理能力强、脱硫效果好
吹气搅拌法	主要有定吹法、底吹法（PDS或CLDS）和气升泵法三种	设备费用低，操作简便，但脱硫效果不如搅拌法好
镁脱硫法	将镁焦、镁锭、镁粉、镁合金及白云石的团块等加入铁水中进行脱硫	镁脱硫速度快、渣量少、温度损失小，但费用高、操作控制困难
喷射法	用载气向熔池内喷射固体粉末脱硫剂进行脱硫处理	脱硫效率高、处理时间短、操作费用较低，且处理铁水量大、操作方便灵活

铁水预脱硫的方法很多，表2-1列出的各种方法经工业实际应用，有的因处理能力较小、主要部件耐火材料寿命短、处理效果及可控性较差和环境污染问题较严重等而逐渐被淘汰。下面就几种工业上应用较成熟的方法和有应用前景的方法做进一步介绍。

A KR搅拌法

KR搅拌法是日本新日铁于1965年用于工业生产的铁水炉外脱硫

技术。这种脱硫方法是以一种外衬耐火材料的搅拌器浸入铁水罐内旋转搅动铁水，使铁水产生漩涡，同时加入脱硫剂使其卷入铁水内部进行充分反应，从而达到铁水脱硫的目的。它具有脱硫效率高、脱硫剂耗量少、金属损耗低等特点。

1976年武钢在引进硅钢生产专利技术时，根据硅钢质量的要求，从日本引进了KR铁水脱硫装置。1979年在武钢二炼钢厂建成投产。经脱硫处理后，铁水硫含量小于0.005%的罐次比例在98%以上，满足了冶炼无取向硅钢的要求，并为开发和生产低硫新钢种提供了重要条件。

B 喷吹法

喷吹法是将脱硫剂用载气经喷枪吹入铁水深部，使粉剂与铁水充分接触，在上浮过程中将硫去除。为了完成这一过程，要求从喷粉罐送出的气粉流均匀稳定、喷枪出口不发生堵塞、脱硫剂粉粒有足够的速度进入铁水、在反应过程中不发生喷溅，最终取得较高的脱硫率，使处理后的铁水硫含量能满足低硫钢生产的需要。喷吹法主要有鱼雷罐车顶喷吹法铁水脱硫和铁水罐喷吹脱硫。

宝钢一炼钢300t转炉单元在20世纪80年代初从日本新日铁引进鱼雷罐车直插顶喷（倒T形双孔直插枪）脱硫工艺技术，简称TDS（TDS-Torpedo Car Desulphurization）脱硫法，脱硫粉剂为钙基系。宝钢二炼钢250t转炉单元在20世纪末从日本川崎制铁引进了鱼雷罐车斜插顶喷（L形单孔斜插枪）铁水预处理技术；除以铁水脱硫为主外，该技术还具有铁水同时脱硅、脱磷功能，简称PTC（PTC——Hot Metal Pretreatment Center）铁水预处理法，脱硫粉剂仍以钙基系为主，但增加了钠系粉剂，在同时脱硅、脱磷、脱硫三重处理时使用。以反应容器划分，TDS及PTC铁水脱硫法属于喷吹法中鱼雷罐车脱硫法。其中，宝钢PTC鱼雷罐车脱硫站工艺设备布置简图如图2-1所示。

宝钢TDS和PTC均是在320t鱼雷罐车中采用顶部插入喷枪进行脱硫的。脱硫车间位于高炉和转炉车间之间。喷粉脱硫时以氮气为载气，氮气流量（标态）为430～480m^3/h，喷吹CaO时其粉剂流量为50～60kg/min，喷吹CaC_2时其流量为40～45kg/min。喷枪插入深度

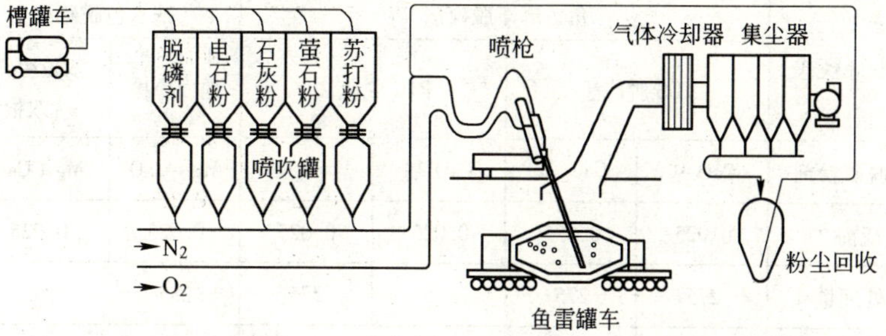

图 2-1　宝钢 PTC 鱼雷罐车脱硫站工艺设备布置简图

为1.2～1.4m，喷吹时间因处理后的硫含量要求不同、喷粉量不同而不同，时间变化在5～30min。

该喷吹系统的特点是：喷粉罐下部采用旋转给料器，驱动采用啮合式变速电动机，叶轮用聚氨酯类弹性材料制成，给料器的速度可在10：1范围内调节。因此，CaO 和 CaC_2 的配料可根据各自的给料器的不同转速进行在线配料和调节，也可调节供粉速度。为了使送粉管内气粉流均匀，采用了大的氮气流量（420～480m^3/h），因而属于粉气比低的稀相输送，送石灰粉时粉气比为9.17～10.94（相应送粉速度为55～70kg/min）。送粉管径为 ϕ32mm。

概括说来，其特点是可变速给料的稀相输送在线配料喷吹系统。由于其载气耗量大，容易造成喷溅，近来多发展为较浓相的喷吹系统（粉气比40～60）。

1998 年和 2005 年，为了适应极低硫钢种冶炼对脱硫铁水的要求，宝钢一炼钢分别建设投产了一套以镁基系为脱硫剂的铁水包单枪顶喷脱硫工艺装备和两套以镁基系为脱硫剂的铁水包双枪顶喷脱硫装备。通过鱼雷罐车脱硫＋铁水包深脱硫可以稳定地提供入炉铁水硫小于0.003%的脱硫铁水。宝钢从最初引进的单一 TDS 鱼雷罐车脱硫工艺，经过近20 年的不断技术进步，形成了目前四种处理工艺模式，具备年脱硫处理铁水1100 万 t 的能力。表2-2 为宝钢不同铁水脱硫模式的总体比较情况。

表 2-2　不同铁水脱硫模式比较情况

脱硫模式	鱼雷罐车脱硫法				铁水包脱硫法	
	TDS 脱硫法		PTC 脱硫法		地面单枪	双枪受铁坑双枪
脱硫粉剂	CaO 基	CaC_2 基	CaO 基	CaC_2 基	Mg + CaO	Mg + CaO
硫前/%	0.025	0.025	0.025	0.025	0.025	0.025
处理量/t	275	275	275	275	285	285
净空高度/mm	1200 ~ 1300	1200 ~ 1300	1200 ~ 1300	1200 ~ 1300	>300	>500
液面高度/mm	3200 ~ 3400	3200 ~ 3400	3200 ~ 3400	3200 ~ 3400	4000 ~ 4450	4000 ~ 4450
平均处理温降/℃	35	35	30	30	10	8
终点 $w[S]$/%	0.004 ~ 0.006	0.004 ~ 0.006	0.002 ~ 0.004	0.002 ~ 0.004	0.003 ~ 0.005	0.001 ~ 0.003
喷吹时间/min	23 ~ 26	23 ~ 26	19 ~ 22	19 ~ 22	8 ~ 11	3 ~ 6
吨铁粉剂平均消耗/kg	12.5	4.2	10	4	镁粉：0.4 高流动性石灰：1.5	镁粉：0.5 高流动性石灰：1.2
粉气比	10	12	10	12	50	48

表 2-2 所示的宝钢两大类、六小类铁水脱硫模式的生产实践表明：采用铁水包喷粉脱硫具有处理时间短、粉剂消耗低、处理后硫低、综合处理成本低等特点，优于采用鱼雷罐车喷粉脱硫模式。

太钢二炼钢实施的是铁水三脱预处理，铁水预处理站设在炼钢浇注跨的延长部位，铁水处理在 55t 专用包内进行，有运罐车将专用包在处理工位和扒渣工位往复运行。延长部有三层钢结构粉罐系统，根据铁水“三脱”的需要，顶部有三个贮粉罐，分别装脱硅、脱磷、脱硫三种粉剂。下部共用一个喷粉罐。工艺流程是：高炉铁水罐→兑入55t专用包→扒渣、测温、取样→喷入脱硫剂→扒渣、测温、取样→兑入转炉。粉剂由粉罐车运来，由气力输送至相应的贮粉罐，再根据处理的需要加入喷粉罐。喷吹前加压等待喷吹。喷吹完后，如果粉剂已吹完或不足一次喷吹用料或需吹不同粉剂，则需放气卸压再装料或将残料返回上部贮粉罐再装新料。其脱硫能力为2万t/月。氮气流量（标态）为1~1.2m^3/min，预加压0.29MPa，压差0.015~0.020MPa（指罐内与助吹管气路间压差）。喷吹速度为60~65kg/min。喷枪插入深度为1.34m。脱硫剂配比为石灰石95%、萤石5%，平均单耗为8.65kg/t。平均脱硫率78.75%，处理后的铁水硫含量为0.007%。喷吹温降20℃左右。

2.1.3.2 铁水预处理存在的问题

铁水预处理是提高钢铁产品质量、扩大钢材品种、降低成本的重要工艺手段，近些年在国内外得到迅速发展，其中铁水脱硫是最常见而又最重要的铁水预处理工艺。目前铁水脱硫按脱硫工艺，可分为机械搅拌法脱硫（KR）和喷粉法脱硫。从脱硫效果看喷粉法优于机械搅拌法。它利用喷枪向盛装铁水的容器吹入惰性气体（氩气或氮气），并以惰性气体为载体把脱硫粉剂喷吹到铁水中。但它也存在诸如喷溅现象严重、铁耗大、脱硫剂利用率低、喷枪污染铁水、处理周期长、投资高等问题。

长期以来，人们利用高炉和转炉对铁水进行脱硫处理，认为冶炼过程是脱硫的主要手段，而把炉外脱硫看成是辅助手段。我国有些企业现在仍持这种观点，阻碍了工艺技术结构调整的进程。由于高炉脱硫是要花费代价的（高碱度、高炉温，故焦比高），而转炉脱硫能力有限，因而在现在钢铁工业中，炉外脱硫是决定钢液最终硫含量的最经济的工艺手段。

当前，我国钢铁企业只有不断改善产品质量，开发新产品，降低生产成本，提高生产率，才能在激烈竞争的市场环境中立于不败之地。因此，在我国当前发展炉外脱硫技术是脱硫反应化学冶金学和技术的必要，是钢材市场竞争力紧迫性的必要，也是企业工艺结构调整、产品发展要求的必要。

2.2 钢液二次精炼脱硫技术

随着科学技术的发展，对炼钢的生产率、钢的成本、钢的纯净度以及使用性能，都提出了越来越高的要求。传统的炼钢设备和炼钢工艺难以满足用户越来越高的要求。20世纪60年代，在世界范围内，传统的炼钢方法发生了根本性的变化，即由原来单一设备初炼及精炼的一步炼钢法，变成由传统炼钢设备初炼，然后再二次精炼的二步炼钢法，继而各式各样的二次精炼法被开发出来。

2.2.1 钢液二次精炼的意义

所谓钢液二次精炼，就是按传统工艺，将在常规炼钢过程中完成的精炼任务，如去除杂质（包括不需要的元素、气体和夹杂）、成分和温度的调整和均匀化等任务，部分或全部地移到钢包或其他容器中进行。因此，钢液二次精炼也称为二次精炼或钢包精炼。

钢的大生产方式是由贝塞麦发明的转炉炼钢法（1856年）而确立的。但是，高温精炼得到的钢液不能够制造供轧钢用的钢锭，因而钢液脱气（脱氧、脱氢、脱氮）处理的必要性得到了公认，从那时就开始了关于脱碳精炼后钢液处理的研究。对脱碳后的钢液进行脱氧，控制凝固时生成的气泡量，得以能够大量生产轧钢用的钢锭。由此诞生了由"脱碳—脱氧"构成的大生产方式的液态炼钢法。

在高生产率的液态炼钢法中，为了提高钢材的质量而进行钢液处理或者二次精炼的必要性早已被认识，有关二次精炼的研究持续进行。1952年在波鸿（Bochumer Verein）公司，为防止白点而采用了流滴脱气法（Bochumer法），二次精炼法初次在炼钢过程中占据了一定的地位。采用低硫、磷含量的优质废钢为原料，在酸性电炉中熔炼的钢种（特殊钢），也可以用普通的废钢或生铁为原料，在碱性操作条件下进行熔炼。随着使用原料的自由度的扩大，精炼能力高的碱性操作法就成了普遍采用的炼钢法。

2.2.2 国内外钢液二次精炼的发展

2.2.2.1 国外二次精炼发展状况

自贝塞麦炼钢法发明以来，二次精炼法的必要性得到了公认，开发了多种二次精炼法，并已实现实用化。世界各大钢铁公司发展了二次精炼法，完善了由“铁水预处理—粗炼—二次精炼—连续铸钢”构成的现代炼钢法，确立了多品种、高质量钢的大生产方式。

A 液态炼钢法的诞生（二次精炼技术的萌芽，1861～1920年）

贝塞麦的酸性转炉炼钢法使得脱碳显著容易起来，夹杂物可以在钢液中上浮分离除去，不再需要用锻打的方法进行夹杂物的无害化处理，从而确立了“转炉—铸锭—轧制”的钢大生产方式。但贝塞麦法由于是高温熔体的精炼，钢中氧和磷以及氢和氮含量增高，钢液注入钢锭模后凝固时激烈沸腾，产生大量气孔，影响轧制。此时，通过购买了 Robert Musher 的专利，把高温氧化精炼与用镜铁脱氧结合起来，促进了钢铁制造从低生产率的“低温精炼—锻打”转换为大生产方式的“高温精炼—脱氧—铸锭—轧制”构成的工艺，诞生了液态炼钢法（间接炼钢法）。克里斯伦（T. Chrithlen）和基德（J. Kidd）在1875年，埃特金（R. A. Aitkin）在1882年分别申请了真空脱气法专利。1878年托马斯（Thomas）发现使用碱性耐火材料砌炉，利用 CaO 系渣，以及采用后吹吹炼的方法，用转炉炼钢法（碱性转炉炼钢法）可以脱磷。

B 高纯化、高洁净化技术的胎动（精炼物理化学的进步，1920～1945年）

由于确立了由“液态精炼法—铸锭法—轧制法”构成的钢材的大生产方式，钢材的使用领域从钢轨和船舶扩大到了重轨、高层建筑、汽车、军用品，继而又希望确立更高质量钢的大生产方式。在这些需求领域里，由于钢材使用条件的苛刻化，产生了由于钢材加工时破裂造成的收得率降低，以及由于钢材使用时磨耗和破断造成的寿命降低等质量上的问题。为了找到对策，进行了破断部的宏观、微观调查，研究破断原因，从而推动了分析手段和解决问题手段的进步。为了高效制造高质量钢、改良操作方法而推崇钢液的高纯净化和高洁净化。

在粗精炼炉中炼钢技术的进步，推迟了二次精炼法的工业化。但是，这个时期的科学知识的蓄积，有助于其后的二次精炼法的发展。

C 二次精炼法的诞生（酸性操作的终止，二次精炼生产特殊钢方式的确立，1945~1955年）

在大型锻件上发生的白点缺陷，起因于钢中的氢。对于易发生白点的钢种，为了把氢抑制在低水平，采用酸性操作进行熔炼。但是，大型的钢锻件在扩散退火工艺中不能进行充分的脱氢，而且因偏析等的影响，白点更容易发生。因此，针对白点缺陷的减压条件下钢液处理的研究一直继续着。1950年，以真空铸造为契机，使用真空的各种钢包精炼法开发了出来，形成了由“碱性操作法—真空钢包精炼法”构成的炼钢法，建立了从廉价的原料得到高的生产率、高质量钢的生产方式。

D 大生产用二次精炼法的诞生和发展（由“转炉—二次精炼”构成的炼钢法的诞生，1955~1975年）

Bochumer法在脱氢方面是有效的，但是因为不能过分期待它脱氧和不能进行成分调整，所以其难以用于轧制用钢锭的大量生产，而寄希望于新的钢包精炼法的开发。为了解决Bochumer法的缺点，开发出了各种真空钢包脱气法。为了充分进行脱气，改良了钢包脱气法（附带搅拌功能和加热功能），开发了各种钢包脱气法，实际用于生产高质量钢。未脱氧钢液的真空处理，由于采用和钢包不同的容器真空槽（DH法、RH法）而取得成功。在确认了DH法和RH法的冶金效果之后，针对脱气之外的冶金效果，又开发了不装备真空设备的简易钢包精炼法。

E 二次精炼法的确立（由“粗精炼—二次精炼—连续铸钢”构成的现代炼钢法的发展，1970~1995年）

作为二次精炼法，DH法和RH法在大生产中得到了普及。另外，没有真空设备的简易钢包精炼法，以钢液的洁净化和钢液成分、温度的微调整为目的，开发出来后被迅速普及。由于二次精炼法的发展，转炉钢的等级得以提高，还可以高效地生产普通钢。对应于石油危机（1971年）后的社会需求，各厂家积极地进行连续铸钢法和二次精炼法的开发，发展了由“粗精炼—二次精炼—连续铸钢”构成的多品种、高质量钢的大生产型的炼钢方式。

F 炉外处理技术的发展趋势

当前炉外处理技术主要发展趋势如下：

(1) 铁水、钢液全部进行处理。二次处理设备全部在线运行。

(2) 向组合多功能精炼站的方向发展，并已形成了一些较常用的多功能处理模式：

1) 以钢包吹氩为核心，加上与喂线、喷粉、化学加热、合金成分微调等一种或多种技术相结合的精炼站，用于转炉—连铸生产衔接。

2) 以真空处理装置为核心，并与上述技术中一种或几种技术复合的精炼站，也主要与转炉—连铸生产相衔接。

3) 以钢包炉（LF）为核心，与上述技术及真空处理等一种或几种技术相复合的精炼，主要用于电弧炉—连铸生产衔接。

4) 鱼雷罐车或铁水包等铁水运载容器逐渐向转炉型的预炼炉方向发展的铁水预处理（脱硫或“三脱”——脱硅、脱磷、脱硫）技术。

5) 以 AOD 为主体，包括 VOD、转炉顶底复吹在内的不锈钢精炼技术。

(3) 根据产品质量、工艺和市场要求，不同类型的工厂对二次处理的选择也初步形成了一些模式：

1) 生产板带类钢材的大型联合企业，一般有两种类型的精炼站，即以 CAS-OB 吹氩精炼或 LF 精炼为核心的复合精炼，或以 LF 精炼结合真空处理为核心的组合精炼。同时也应该配有铁水预处理站。

2) 生产以棒线材为主的 30t 及以下的中小转炉厂，通常配有钢包吹氩、喂线、合金成分微调综合精炼站，并注意钢液温度补偿。

电炉钢厂根据产品选择的二次处理模式有：

1) 生产不锈钢板、带、棒线，通常采用 AOD 炉，有的还设有 LF 炉或 VOD 炉。

2) 非不锈钢类的合金钢厂，一般设 LFV 多功能复合精炼装置。

3) 普碳钢和低合金钢生产厂，多数设以 LF 炉为核心的多功能精炼装置或吹氩喂线装置。

2.2.2.2 我国二次精炼发展及现状

我国二次精炼处理技术始于 20 世纪 50 年代中后期，包括利用高碱度合成渣在出钢过程对钢液脱硫（用于冶炼轴承钢）、用钢包静态脱气（VD）和DH真空处理装置精炼电工硅钢等钢种。60年代中期~70年代，我国特钢企业和机电、军工行业钢液精炼技术的应用和开发有了一定的发展，并引进了一批真空精炼设备，如大冶、武钢的RH，北京重型机器厂的ASEA-SKF，抚顺钢厂的VOD-VAD，还试制了一批国产的真空处理设备，钢液吹氩精炼也在首钢等企业投入了生产应用。80年代，国产的LF钢包精炼炉、合金包芯线喂线设备、铁水喷射脱硫、喷射冶金等钢液精炼技术得到了初步的发展。这期间宝钢引进了现代化的大型RH装置（并进而实现了RH-OB的生产应用）和KIP装置，首钢和宝钢引进了KTS喷粉装置。齐齐哈尔钢厂引进了SL喷射冶金技术和设备，宝钢和太钢引进了铁水"三脱"技术和装备等，在开发高质量的钢材品种和优化钢铁生产中发挥了重要的作用。可以认为，20世纪80年代是我国炉外处理技术发展奠定基础的时期，从一些先进的示范工厂的实践中，可以看出炉外处理技术对推动我国钢铁工业生产优化的重大作用。

20世纪90年代初，与世界发展趋势相同，我国炉外处理技术也随连铸生产的增长和对钢铁产品质量要求的日益严格，得到了迅速的发展。

1991年召开的全国首次炉外处理技术工作会议，明确了"立足产品，合理选择，系统配套，强调在线"的发展炉外处理技术的指导思想。

立足产品是指在选择炉外处理方法时，最根本的是以企业生产的产品质量要求（主要是用户要求）为基本出发点。确定哪些产品需要进行何种炉外处理，同时认真分析工艺特点，明确基本工艺流程。

合理选择是指在选择炉外处理方法时，要首先明确各种炉外处理方法所具备的功能，结合产品要求，做到功能对口。其次是考虑企业炼钢生产工艺方式与生产规模、衔接匹配的合理性、经济性。还要根据产品要求和工艺特点分层次地选择相应的炉外处理方法，并合理地搞好工艺布置。

系统配套是指要严格按照系统工程的要求，确保在设计和施工中，主体设备配套齐全，装备水平符合要求；严格按各工序间的配套要求，使前后工序配套完善，保证炉外处理功能的充分发挥；重视相关技术和原料的配套要求，确保炉外处理工序的生产过程能正常、持续地进行。

强调在线是指在合理选择处理方法的前提下，要从加强经营管理入手，把炉外处理技术纳入分品种的生产工艺规范中去，保证在生产中正常运行；也是指在加强设备维修的前提下，确保设备完好，保证设计规定的功能要求，确保作业率；还意味着要充分发挥设备潜力，达到或超过设计能力。

这些指导思想对我国从“八五”开始直至现在炉外处理技术的发展起到了重要的推动作用。

进入新世纪，适应连铸生产和产品结构调整的要求，我国的二次精炼设备得到迅速发展。预计未来几年中，钢液二次精炼量还将有成倍的增长。

2.2.3 二次精炼技术的特点与优势

二次精炼技术是四十余种精炼技术的统称。随着科学技术的发展，还会出现一些新的精炼技术。

2.2.3.1 二次精炼技术的特点

现有的或即将出现的精炼技术，在冶金功能、设备结构、操作方法等方面都各不相同。这是因为发明这些技术的厂家都是根据自身的必要性和可能性而提出这些技术的。尽管如此，统称为二次精炼技术的这一大批技术，都是各个发明厂家为了解决钢产品的质量、生产率、成本而提出的，是为了解决常规炼钢设备的某些不足和缺陷而提出的。这样，这些精炼技术必然具有某些共性，即具有相同的特点。

二次精炼技术至少具有以下三个特点：

(1) 二次精炼整个炼钢过程，除将原材料熔化成液态外，要求在不同程度上完成脱碳、脱磷、脱氧、脱硫、去除气体、去除夹杂、调整温度和调整成分等冶金任务。而每一项冶金任务的顺利完成，都要求具备相应的条件。不同的冶金任务所要求的最佳条件不完全相同，有时甚至是互相矛盾的。对于某一种特定的冶金设备不可能创造出完成各项冶金任务所要求的最佳条件。许多冶金工作者在实践中发现，要求单一的冶金设备完成多项冶金任务是不合理的，也是不经济的。所以就出现了一种新的趋势，即把各项冶金任务分散到一些专门的精炼设备中去完成。也就是将整个炼钢过程分步进行。保留常规炼钢设备的某些优势，如超高功率电弧炉熔化废钢的优势，氧气转炉脱碳的优势，电弧炉、氧气转炉脱磷的优势等。这样，在这些炼钢炉中进行初炼，然后出钢，在二次精炼完成其他冶炼任务，称为二次精炼。这样分步进行，会创造最佳冶金条件，提高效率。

（2）创造较好的冶金反应的动力学条件。炼钢过程中的各种冶金反应，多数是在高温下进行的多相反应。通常化学反应本身进行得较快，而向反应区传递物质（反应物的进入，反应产物的离开）的速率往往是缓慢的。因此，在多数情况下，冶金反应速率受物质的传递速率所限制，往往由传质环节的速率就可确定冶金反应的速率。根据菲克定律，物质的传递速率与传质系数、传递物质的浓度梯度、扩散流的截面面积成正比。对于在相界面进行的多相反应，扩散流的截面面积可认为等于相界面的大小。对于常规的炼钢炉，在氧化性条件下进行脱碳时，由于一氧化碳排出而引起的熔池搅动，可使反应物和反应产物有较大的传递速率。但是，多数的炼钢反应要求在低氧势的条件下进行。最典型的例子是电弧炉冶炼的还原期。由于电弧炉的供热特点，在传统的电弧炉冶炼工艺中，可以安排有专门的还原期，为某些炼钢反应创造较为良好的热力学条件。但是由于熔池平静、反应界面面积小，一些冶金反应的速率相当缓慢，电弧炉冶炼还原期的优越性，不能充分发挥。为解决这个问题，新开发的各种二次精炼技术，从各个不同的方面来改善冶金反应的动力学条件。例如，应用真空或吹氩以提高气体在气相与钢液之间的浓度梯度；应用喷粉以增加反应界面积，应用各种方式的搅拌以增大传质系数和扩大反应界面积。由于各种二次精炼技术都是从不同的角度，以不同的方式，创造尽可能好的动力学条件，从而解决了传统炼钢设备优越性不能充分发挥的问题。

（3）二次精炼的容器具有浇注的功能。钢液在出钢过程中，高温钢液与空气接触的表面积急剧增大，使钢液遭受大气的污染。吸气、二次氧化以及钢中易氧化元素（例如硅和铝）的二次脱氧，均使钢的纯洁度下降。并且，这种被污染的趋势和程度却与钢液被精炼的程度有关，脱氧越完全、气体含量越低的钢，二次氧化和吸气就越严重。为了解决这个问题，绝大多数用于二次精炼的容器，除可以盛放和传送钢液外，还具有浇注的功能。滑动水口的成功使用，在技术上解决了精炼时间与塞棒寿命的矛盾，使精炼容器具备浇注功能而不再存在结构上和工艺上的困难。由于经二次精炼后的钢液，可以不经出钢直接送浇注工段浇注，从而避免了已精炼好的钢液在出钢过程中的再污染，从而解决了传统的炼钢工艺在安排上的不合理和矛盾的问题。

2.2.3.2 二次精炼技术的优势

二次精炼技术具有以下优势：

（1）有效地解决了冶炼炉不能生产高质量品种钢问题。二次精炼可以有效地去除钢中磷、硫等有害元素及氧、氢、氮等有害气体及夹杂物，大大地减轻了冶炼炉的负荷。

（2）缩短了冶炼时间，降低了生产成本。由于冶炼炉的部分功能转移到二次精炼设备上来，冶炼炉的负荷得以减轻，同时冶炼时间得以缩短。各种精炼设备具有其自身的优点，合理地选用二次精炼方法可以有效地降低生产成本。

（3）有利于连铸生产工艺的顺行，减少工艺与质量事故，确保多炉连浇。二次精炼可以有效地降低钢液中硫、氧含量，使钢包中钢液化学成分均匀，温度均匀。降低钢中硫和氧含量能改善钢的冲击韧性、抗层状拉裂性能、热脆性和冷脆性，并减少中心偏析和防止连铸表面缺陷。降低钢中氧、氢、氮含量，以减少超声探伤缺陷和条状裂纹，从而改善了钢坯穿管性能。二次精炼在成分及时间节奏的匹配上起到了重要的协调和完善作用，即定时、定温、定品质地提供连铸钢液，成为稳定连铸生产的关键因素。

（4）为调整产品结构、优化企业生产的专业化提供保障。转炉的大型化、钢坯的大型化带来炼钢过程生产率的提高。为了减轻因钢锭大型化而使偏析更易于发生的程度，以及非金属夹杂物等钢坯内部缺陷，采用二次精炼法以使钢液高纯化和高洁净化。冶炼超低碳、超深冲、超低磷、硫的优质钢材生产必须采用包括二次精炼技术在内的优化工艺流程。

(5) 满足钢材各种特殊需要。如采用 Ca 处理可控制夹杂物形态；采用 Mg 处理可使钢中碳化物球化，去除氢防止白点及氢裂纹。二次精炼可使 Z 向钢三向力学性能均匀等。

2.2.4 二次精炼脱硫工艺及其存在的问题

各种二次精炼技术的出现都是为了解决发明厂家所要求解决的具体问题，同时又密切结合着该厂的厂房、设备、工艺等具体条件。所以现有的四十余种二次精炼方法各不相同。但是不论哪个厂家，发明哪一种二次精炼方法，都力争创造完成某种精炼任务的最佳热力学和动力学条件，使得现有的各种各样二次精炼方法，在采用的精炼手段方面，有它们的共同之处。为了创造最佳的冶金反应条件，到目前为止，所采用的基本手段不外乎渣洗、真空、搅拌、加热、喷吹等五种。当前名目繁多的二次精炼方法也都是上述五种基本手段的不同组合。

2.2.4.1 二次精炼脱硫方法

随着炼钢技术的发展，国内外炼钢厂为适应市场的需要，在新钢种开发、提高产品质量方面都做了许多工作。尤其是在降低钢液硫含量方面，开发了多种方法，并在不同程度上取得了一定效果。钢液脱硫的方法从工艺上讲主要有：钢液渣洗、钢包喷粉、真空处理脱硫、喂丝等。从反应机理来说包括用金属钙、镁或稀土元素直接生成硫化物脱硫和渣金置换反应两种。

在目前采用的炉外精炼方法中，大部分处理方法均能脱硫，有些则是专为脱硫而设计的，与脱硫有关的钢液炉外处理方法见表 2-3。

表 2-3 与脱硫有关的钢液炉外处理方法

类别	处理方法
真空处理	ASEA-SKF Finkl-Mohr LF-V RH-PB、RH-PTB、RH-IJ

续表 2-3

类　别	处 理 方 法
非真空处理	密封吹氩法（SAB） 加盖吹氩法（CAB） 喷粉法（TN、SL 法等） 钢包精炼炉精炼法（LF） 合成渣处理

表 2-3 中的脱硫方法可以分为四种：渣洗法、钢包顶渣吹氩搅拌法、钢包喷粉法和真空喷粉法。从动力学角度讲，喷粉脱硫效果好，脱硫速度快，但是需要顶枪和相应的粉体输送设备，而且喷粉方法中的钢包喷粉过程中温降大，钢液易裸露氧化、吸氮，带来严重的增氮问题，因此该方法逐渐被真空喷粉和钢包顶渣吹氩搅拌法所取代。

A　渣洗法

最早出现的合成渣处理钢液的方法要算是渣洗方法，渣洗是获得洁净钢并能适当脱硫和进行脱硫、脱氧的最简便方法，即最简便的精炼手段。早在 1925 年，苏联工程师 A · C · 托钦斯基就提出了在钢包中使用合成渣处理金属的方法，但合成渣洗法（Perrin 法）的实际应用是 1933 年出现在法国，它是目前进行钢液脱硫的最简便、最经济的钢液脱硫方法。Perrin 法合成渣大体成分为 $w(CaO) = 50\% \sim 54\%$，$w(Al_2O_3) = 40\% \sim 46\%$，$w(SiO_2) \leqslant 3.0\%$，$w(FeO) \leqslant 0.5\%$。20 世纪 40 年代在某些国家广泛采用的混合炼钢既是渣洗方法的应用，也包括了用熔渣精炼钢液。此法在 50 ~ 60 年代被苏联的一些钢厂广泛应用于特殊钢的生产中，70 年代，他们利用 $CaO\text{-}CaF_2$ 合成渣的方法，将真空处理与渣洗相结合，取得了良好的处理效果。

发展到今天，合成渣已广泛应用于钢包处理、铁水预处理、炉外精炼以及连铸保护渣等金属处理的众多领域中，并且发展成为很多渣系和品种。脱硫渣系的研究已经有很多成果，从高炉脱硫、铁水预处理脱硫、炼钢脱硫直到炉外精炼脱硫渣系的研究已经十分深入和广泛，这些渣系主要有 $CaO\text{-}Al_2O_3$、$CaO\text{-}CaF_2$、$CaO\text{-}SiO_2$、$CaO\text{-}Al_2O_3\text{-}SiO_2$、$CaO\text{-}CaF_2\text{-}SiO_2$、$CaO\text{-}Al_2O_3\text{-}CaF_2$、$CaO\text{-}MgO\text{-}Al_2O_3$、$CaO\text{-}MgO\text{-}Al_2O_3\text{-}SiO_2$，而涉及喷粉部分则应用于脱硫的粉剂还有 CaC_2、

Na_2CO_3、Mg 粉等。一般合成渣可以预先混合或直接由所需的成分配制而成。碱性成分是由 CaO 和其他能使渣液化的附加材料组成，因此，合成渣中应含有 CaF_2、Al_2O_3和少量的 SiO_2。到目前为止，各国冶金工作者已研究出了许多精炼渣系，在钢液脱硫方面应用较多的渣系有 CaO-Al_2O_3、CaO-CaF_2、CaO-SiO_2-Al_2O_3、CaO-SiO_2-Al_2O_3-CaF_2 等。近年来使用较多的合成渣组成为：$w(CaO) = 45\% \sim 60\%$，$w(Al_2O_3) = 20\%$ 左右，$w(SiO_2) = 15\% \sim 20\%$，$w(FeO) < 1\%$。下面分别介绍这几种渣系的性能。

（1）CaO-CaF_2为基的渣系。CaO-CaF_2渣系具有很强的脱硫、脱氧能力，CaO-CaF_2渣系在 1500℃下的硫容量高达 0.03。CaO-CaF_2渣中，CaF_2的主要作用是降低脱硫渣的熔点，改善炉渣的流动性。CaO 与 CaF_2应有一合适的比例，比值过高，渣中 CaO 含量过高，流动性差，精炼效果并不理想；比值过低，渣中 CaF_2含量过高，对 CaO 起了稀释作用，对脱硫不利。常用的 CaO 与 CaF_2 比值为 6/4、7/3、8/2。但该渣系的一个突出弱点是由于该精炼渣系含有较高的 CaF_2，所以对炉衬的侵蚀较严重，同时会引起氟对大气的污染。

（2）CaO-Al_2O_3为基的渣系。CaO-Al_2O_3渣系也具有较强的脱硫能力，该渣系用来生产高质量的洁净钢。E. T. Turkdogan 和 F. D. Richardson 对熔融氧化物的硫含量进行研究后认为，铝酸盐与硅酸盐相比，脱硫速度和硫容量更大。由于 CaO-CaF_2渣系中 CaF_2对炉衬侵蚀较快，各钢厂要求采用低氟或无氟渣系的呼声越来越高，因而，对 CaO-Al_2O_3渣系的研究应用显得格外重要，但该渣系中 Al_2O_3的来源一般是含量高的刚玉制品，因而成本昂贵。最近，人们找到了一种较便宜的物质——高铝矾土来代替刚玉制品，使得 CaO-Al_2O_3渣系的应用推广成为可能。

（3）CaO-Al_2O_3-CaF_2为基的渣系。就目前国内外的应用情况来看，完全采用无氟渣系还有待研究，因为无氟渣的流动性较差，对脱硫不利。国外不少钢厂都在 CaO-Al_2O_3渣系的基础上加入了适量的 CaF_2，形成 CaO-Al_2O_3-CaF_2渣系。在实际生产中，由于原料中不可避免地带入 SiO_2，冶炼过程中由于炉衬侵蚀还会使一定量的 MgO 进入炉渣，因而冶炼渣系实际上是 CaO-Al_2O_3-CaF_2-SiO_2-MgO 渣系。该渣系不仅对炉衬侵蚀较慢，而且可以通过调整渣中 CaO、Al_2O_3的含量，改变 nCaO · $m$$Al_2O_3$夹杂的形态，获得高质量的洁净钢。

表2-4是国内外一些厂家所采用的精炼渣系的组成及精炼效果。从表2-4可以看出，由 CaO、Al_2O_3、CaF_2组成的钢包精炼渣具有良好的精炼效果。

表2-4 国内外几种精炼渣系的组成及精炼效果

序号	渣系组成（质量分数）	效　果
1	CaO(60%)-Al_2O_3(30%)-SiO_2(10%)	w[O] = 0.001%，w[S] = 0.0005%
2	CaO(55%)-Al_2O_3(11%)-SiO_2(22%)-MgO(9%)	w[O] = 0.0025%，w[S] = 0.0027%
3	CaO(46%)-Al_2O_3(2%)-CaF_2(5%)-SiO_2(47%)	w[O] = 0.0022%
4	CaO/Al_2O_3 = 3.4，$w(SiO_2)$ < 5%，$w(CaF_2)$ = 15%	w[O] = 0.0015%
5	CaO(62%)-Al_2O_3(18%)-CaF_2(20%)	w[S] = 0.0006%
6	CaO(51%)-Al_2O_3(11%)-SiO_2(18%)-MgO(16%)	w[O] = 0.001043%

（4）其他精炼渣系。Allen H. Chan 等人通过与 CaO 基的渣系比较，研究了一种新渣系（Na_2O-SiO_2 渣系）。该渣系在 1200℃ 和 1330℃时，渣系组成分别为 Na_2O(53.6%)-SiO_2(39.5%) 和 Na_2O(48.9%)-SiO_2(37.0%) 的两种渣系能将硫脱至 0.001% ~ 0.002%。该渣系与 CaO 基渣系相比较，具有更强的脱硫能力和更高的硫分配比，但由于原料等方面的原因，该渣系的推广还有待进一步研究。

J. T. Haddock 发展了一种以 MgO 来脱硫和去除非金属夹杂的方法，基本渣系组成为 CaO-MgO 渣系。他们在炼钢温度下采用 MgO(50.27%)-$CaCO_3$(20.86%)-Al(18.16%)-CaF_2(10.69%) 的渣系也取得了将硫脱至 0.006% 的效果。

目前应用的合成渣，按其使用状态又可分为以下三种：

（1）混合型。由几种合成渣分均匀混合而成的粉状混合物，又称机械混合型。它主要是 CaO 和 CaF_2的混合物。

（2）烧结型。将几种组分混合后，在低于熔点温度下烧结而成，一般采用 CaO-Al_2O_3 渣系，也有的采用以下参考成分：43% CaO，46% Al_2O_3，5% SiO_2，2% TiO_2。

(3) 预熔型。即合成渣在高于熔点温度下加热而成，通常由 CaO 和 Al_2O_3熔化后制得，%CaO/%Al_2O_3的比值通常在 0.93～1.37，其生产方法有竖炉法、回转窑法和电熔法，大部分预熔渣生产时都将主要渣相组成控制在图 2-2 中 $12CaO \cdot 7Al_2O_3$周围的低熔点区域附近。

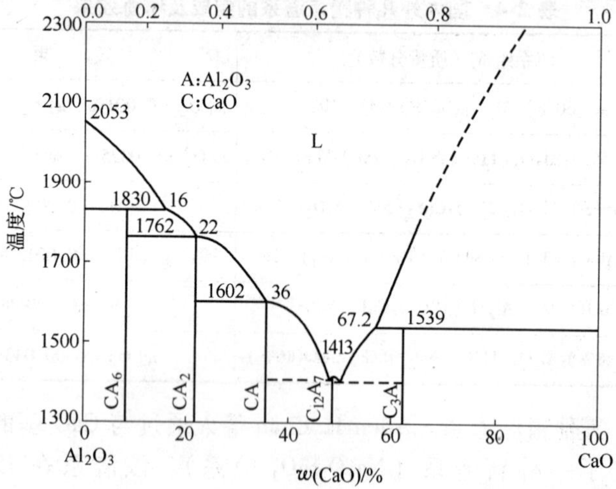

图 2-2 CaO-Al_2O_3相图

第一种成分和物相不均匀，熔点高，成渣速度慢，性能不稳定；第二种孔隙大、易吸气、吸水；第三种成分和物相均匀，无水分，熔点低，成渣速度快，脱硫能力大。相对来说，后两者成本较高。近年来，随着东北大学等与宝钢、本钢、抚钢、梅钢等企业合作开发和推广，预熔型精炼渣在轴承钢、管线钢等纯净钢的冶炼中体现了较好精炼效果，其成渣速度快、吸附夹杂物能力强、有助于缩短 LF 精炼时间等效果已经得到多家企业认可，在国内多家企业得到推广应用。

合成渣的作用有：

(1) 脱氧和去除夹杂。合成渣可以提高脱氧剂的脱氧效率，使用复合脱氧剂比单一元素的脱氧剂效果好，由于氧化物夹杂的存在，钢的实际氧含量高于理论值。若脱氧产物为复合氧化物，则溶解的氧就低，液态铝酸钙渣的使用不仅提高了脱氧效率，而且有利于氧化物夹杂的去除，特别是结合惰性气体搅拌效果更佳。

（2）脱硫。硫从钢液向渣中的传递受渣组成及钢液的氧位控制，钢的充分脱氧是脱硫的先决条件，用合成渣进行钢液炉外脱硫需要下列条件：

1）合成渣要有较高的硫化物容量，因此必须加入 CaO 以形成铝酸钙；

2）渣必须有较好的流动性才能脱硫；

3）渣量要适当；

4）渣-金必须充分混合以强化动力学条件，通常用惰性气体搅拌；

5）尽量消除和降低钢中溶解氧。

选用脱硫用的合成渣时，一般需要考虑如下因素：

（1）成分。由于成分是决定炉渣脱硫能力和硫容量的关键因素，因此选择高硫容量、高碱度的炉渣对脱硫将十分有利。以 CaO 系的炉渣进行选择时，要确定出合适的脱硫范围和能力，必须首先了解不同配比情况下渣的物理性能，以利于更好脱硫。而从化学反应角度考虑，选择合适的化学成分将对化学反应的限制性环节加以避免，将不仅有利于热力学条件的改善，而且将有利于动力学条件的改善。

（2）熔点。在钢包内用合成渣精炼钢液时，一般都应用液态渣，因此渣的熔点应当低于被渣洗钢液的熔点。选择合成渣时应根据所确定的炉渣成分，测定炉渣的物理性能。良好的物理性能尤其是炉渣的熔点更为重要。低熔点炉渣在炼钢温度下成渣迅速，温降少，利于形成良好的反应面积。

（3）流动性。用作渣洗的合成渣，要求有较好的流动性。渣的流动性是影响渣在钢液中乳化的重要因素之一。在相同温度和混冲条件下，提高合成渣的流动性，可以减少乳化渣滴的平均直径，从而增大渣钢接触界面。

（4）表面张力。表面张力也是影响渣洗效果的一个较为重要的参数。在渣洗过程中，虽然直接起作用的是钢渣之间的界面张力和夹杂之间的界面张力（如钢渣间的界面张力决定了乳化渣滴的直径和渣滴上浮的速度，而渣与夹杂间的界面张力的大小影响着悬浮于钢液中的渣滴吸附和同化非金属夹杂的能力），但是界面张力的大小是与每一相的表面张力直接有关的。

合成渣洗法的优点是采用合成渣洗法脱硫，方法比较简单，不需要大型设备，花费也少。如果操作得当一般可以去除钢中硫 50% ~ 60%。缺点是脱硫效果不稳定、温度损失。

产生脱硫效果不稳定现象的主要原因是出钢过程下渣量波动、钢液脱氧效果不同及合成渣成分变化等。对于附有吹氩操作的 150 ~ 200t 钢包来说，由于加入合成渣的种类和加入量存在不同，进行合成渣洗的温度降可能不同，一般加入 5kg/t 时的温降为 8 ~ 20℃。

B　钢包顶渣吹氩搅拌法

由于真空处理成本较高，钢包顶渣吹氩搅拌法炉外精炼脱硫技术越来越受重视。目前，钢包顶渣吹氩搅拌法中最典型和最常用的方法就是 LF 精炼法。LF 是 Ladle Furnace 钢包炉的缩写，由日本大同钢铁公司大森钢厂于 1971 年开发的精炼设备，其设备示意图如图 2-3 所示。

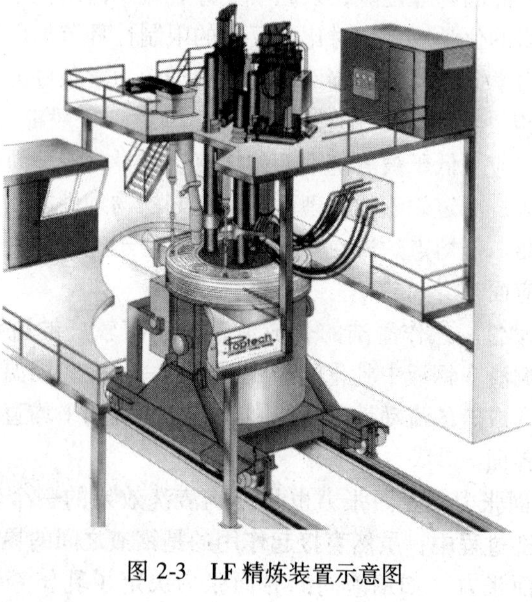

图 2-3　LF 精炼装置示意图

LF 炉法的功能是在常压下埋弧加热，高碱度合成渣精炼和底部吹氩搅拌。钢液到站后将钢包移至精炼工位，加入合成渣料，降下石墨电极插入熔渣层中对钢液进行埋弧加热，同时进行底吹氩搅拌。如果配有真空盖可以进行真空处理，则称为 LF-VD 精炼法。

对于经铁水预处理脱硫、转炉炼钢，硫含量仍达不到产品（超低硫钢）硫含量标准的，可在 LF 二次精炼时采取措施进行最终深脱硫。虽然 LF 炉脱硫率较高，但由于其脱硫能耗相对较高，且工艺衔接存在一定的问题。因此，现代炼钢工艺只将其作为生产超低硫钢的补充脱硫手段。

LF 炉脱硫过程与电炉的还原期的过程相近，电弧加热采用在钢包里的熔融渣中发生电弧的埋弧法。作为造渣剂，一般添加 CaO、CaF_2、铝矾土等，或由上述材料经事先预熔制成的渣料。通过吹氩搅拌和电弧加热的作用造强碱性、强还原性的炉渣进行脱硫。在 LF 炉精炼过程中随着多次加脱氧剂、渣料、长时间的搅拌精炼，可以使钢中硫含量由初始的 0.01% 左右降低至 0.0005% 以下。硫在渣钢间的分配比一般在 50～300。

LF 成为目前炉外深脱硫处理的主要冶炼手段，在钢铁生产中得到了较好应用，取得了前所未有的精炼效果。在采用 LF 顶渣吹氩搅拌法生产低硫钢过程中，尤其是满足超低硫钢深脱硫和 LF 生产节奏与高效连铸匹配问题方面，LF 的脱硫速度成为困扰顶加合成渣脱硫技术的关键环节，脱硫速度的快慢决定了顶加合成渣生产工艺的生产效率，已经成为很多钢厂生产超低硫钢过程中限制连浇炉数的瓶颈问题。目前，LF 炉深脱硫过程冶炼周期长的问题越来越突出，尤其是随着高效连铸技术的发展，LF 炉的生产节奏已经成为初炼炉与连铸之间的生产瓶颈，极大地限制了该工艺的发展，成为困扰国内外超低硫钢冶炼领域的一大问题。目前急需开发 LF 炉高效率化冶炼技术，这不仅与合成渣的组成和状态有关，而且还与整个工艺流程的工艺控制和冶炼任务匹配密切相关。因此，在纯净钢深脱硫处理过程中，从高炉到连铸的各生产环节进行工艺优化是解决这一问题的关键。

C 钢包喷粉脱硫法

近年来钢包喷射冶金有了很大的发展，在某种程度上是为了满足生产低硫钢和对硫化物形态控制的需要。钢包喷粉法具有使反应物在钢熔池中分散的优点，因此使反应面积加大。同时也是使大量易挥发反应物进入熔池的最好方法。第一个成功进行钢包喷粉工业性生产试验的是 Thyssen-Niederrhien 公司。由西德一家公司于 1974 年研究成功的 TN 喷粉精炼法和由斯堪的纳维亚钢铁公司研制的 SL 法等钢液喷粉脱硫法都取得了良好的冶金效果。但钢包喷粉脱硫法存在喷粉脱硫过程中增氮严重的问题。

各种钢包喷粉脱硫法都是将喷吹管（喷粉枪）插入钢液中，一直伸到钢包底部，以氩气为载体向钢液中输送精炼剂。目前广泛使用的喷粉材料有 CaSi 合金、CaO、$CaO\text{-}CaF_2\text{-}Al$、预熔化的铝酸钙溶剂、Mg-CaO、$CaC_2$和以上材料的混合物。

根据美国钢铁公司的经验，每吨钢喷吹 0.27kg 金属镁或 2.1kg Ca-Si 合金可使钢中硫含量由 0.02% 降到平均硫含量为 0.006% 的水平。目前采用钢包喷粉工艺脱硫率可达 60% ~90%，终点最低硫含量可达到 0.0003% ~0.0005% 的水平。

D RH 法脱硫

RH 法脱硫目前有以下几种方法：

（1）往 RH 真空槽内添加脱硫剂的方法；

（2）和环流氩气一起吹入脱硫剂的方法（RH-喷吹法）；

（3）由喷吹枪吹入脱硫剂的方法等。

RH 喷吹法使用 $CaO\text{-}CaF_2$ 作为脱硫粉剂的脱硫率一般为 30% ~50%。由顶吹喷枪吹入脱硫剂的 RH-PTB 脱硫率为 50% ~80%，RH-PB 脱硫率为 70% ~90%，RH-IJ 脱硫率也为 70% ~90%。从动力学角度讲，采用喷粉脱硫方法效果好，脱硫速度快，但是需要喷枪和相应的粉体输送设备，投资大、操作和维护过程复杂。

在 RH 真空槽内添加脱硫剂的方法，一般使用的脱硫剂组成为 $CaO\text{-}Al_2O_3\text{-}SiO_2$渣系，该方法虽然操作简单不需要喷粉设备，但脱硫速度相对较慢。国外某炼钢厂在生产低合金高强度钢时采用了这种方法，具体内容包括：出钢时钢渣处理，出钢过程每吨钢加入 3kg 石灰和 1.3kg 预熔铝酸钙，控制钢中铝为 0.060%，并于出钢后在渣面补加 0.16kg/t 的金属铝粒。在 RH 处理过程中每吨钢加入 4kg 石灰和

1~3mm的预熔铝酸钙，脱硫效率为35%。日本的多家钢厂成功地开发了RH超低硫精炼技术。硫含量可低于0.002%，有的甚至达到了0.0005%的水平。

我国武钢RH脱硫率平均为60%，东北大学战东平、姜周华等与宝钢联合开发RH真空槽内添加预熔渣脱硫技术，他们通过对比发现，RH脱硫速度与脱硫剂的成分和状态有很大关系。通常为了提高脱硫速度普遍采用$CaO-CaF_2$渣系（喷粉或加顶渣），CaF_2含量从10%~40%不等。随着CaF_2含量的增加脱硫效果明显改善，但带来的问题是高CaF_2含量的渣系对RH真空槽耐火材料的侵蚀速度加快，严重影响其寿命。这种情况对于机械混合型渣料，即CaF_2是以单独形式存在时更为明显。为解决这一问题，他们对$CaO-Al_2O_3-CaF_2$基和$CaO-Al_2O_3$基预熔型脱硫剂分别进行了研究。通过对比$CaO-CaF_2$基脱硫剂及$CaO-Al_2O_3$基预熔型脱硫剂的脱硫效果以及对RH真空槽和浸渍管耐火材料的侵蚀程度，最终开发了以$CaO-Al_2O_3$基预熔渣为基础组分的混合型脱硫剂。通过选择合理的渣系，以预熔渣为基复合脱硫剂可以达到低熔点、低黏度的要求，在精炼温度下是液相，对脱硫有利。在超低碳钢冶炼过程中，当熔池脱碳、脱氧完毕后，通过在RH精炼后期将以预熔渣为基的复合脱硫剂从RH真空料斗直接加入真空室中，加入量控制在4kg/t钢以上，可以使宝钢RH终点硫含量达到0.0022%以下。该技术的应用获得了较好的脱硫效果。

另外，他们通过在实验室开展一系列以预熔渣为基的复合脱硫剂与RH真空槽及插入管耐火材料的侵蚀实验，对渣系成分进行了优化。宝钢RH脱硫生产实践表明，采用无CaF_2的以预熔渣为基的复合脱硫剂脱硫过程中对RH真空室耐火材料的侵蚀程度明显减轻。文献报道采用喷粉法时对耐火材料的侵蚀量为0.8~1.0mm/炉，槽内添加脱硫剂时的侵蚀量为1.3~1.5mm/炉，正常处理时为0.4~0.5mm/炉。加入以预熔渣为基的复合脱硫剂后，对耐火材料的侵蚀量小于喷粉炉次，稍大于正常处理炉次。加入该脱硫剂后对耐火材料侵蚀量与其他文献报道的侵蚀程度相比，可降低54%。采用该脱硫剂后RH下部槽和插入管的使用寿命没有受到影响，与正常处理炉次的寿命相当。

采用 RH 真空脱硫法虽然解决了钢包喷粉脱硫法处理过程的增氮问题，但脱硫剂对 RH 的耐火材料侵蚀问题以及脱硫过程的钢包顶渣改质问题目前还没有得到妥善解决。

表 2-5 为国内外研究者及生产厂家超低硫钢的实验研究和生产情况。可以看出，各种炉外精炼方法的采用都获得了较好的脱硫效果。

表 2-5 超低硫钢生产技术研究

研究者	基本情况	结果
E. J. Dunn	感应炉：高碱度渣	$w[S]=0.0008\%$
池田隆里	实验室：$CaO-CaF_2$、$CaO-Al_2O_3-CaF_2$ 渣量 15kg/t 和 30kg/t	Al 镇静钢渣量 15kg/t，$w[S]<0.002\%$；Si 镇静钢 $CaO-CaF_2$效果好
成国光	实验室：$BaO-CaO-MgO-Al_2O_3-SiO_2$	添加 7% BaO 能显著提高渣系的硫容量，BaO 脱硫粉剂比 $CaO-CaF_2$ 具有更强的脱硫能力
徐匡迪	总结 BSC 钢包数据	最佳的顶渣组成为 58% ~62% CaO + 24% ~28% Al_2O_3 +8% ~12% SiO_2
市川浩	转炉出钢：合成渣渣量为 5 ~20kg/t	渣量为 5kg/t，$\eta_S=20\%$，渣量为 20kg/t
柯树华	5t 和 20t 转炉出钢：73% 石灰 + 15% 萤石 +12% 铝	$\eta_S=56\%$
Lorain 厂	电炉、转炉出钢：发热型 $CaO-Al_2O_3$ 合成渣渣量 5kg/t	出钢过程 $\eta_S=30\%\sim60\%$
W. B. Gary	钢包：68 CaO-15% CaF_2-9% Al_2O_3-8% Al	$w[S]=0.001\%$，钢包耐火材料寿命明显降低
有賀昭三	250t 钢包：喷粉	$\eta_S=80\%$，$w[S]_{min}=0.0003\%$
Hassall	4t 钢包：$CaO-Al_2O_3$ 和 $CaO-CaF_2$ 渣量 10 ~20kg/t	提高碱度，降低 FeO，加强搅拌有利于脱硫，而增加渣量效果不明显
梅沢一誠	60t LF：$CaO-SiO_2-Al_2O_3-CaF_2$ 渣量 3% ~4%	炉渣碱度为 2.3 ~ 2.7，$w[S]=0.002\%$
日本大同	LF	适宜的脱硫条件是：渣量为 1% ~3%，碱度 $CaO/SiO_2=4\sim4.5$，$w(FeO+MnO)<1\%$，加强搅拌

续表 2-5

研究者	基本情况	结果
万真雅	40t LF：$CaO-CaF_2$固体合成渣	$\eta_S=37.35\%$，$\eta_{Smax}=65.79\%$
室兰厂	倒包+LF+真空脱气：石灰+萤石≥30kg/t，$CaO/SiO_2\geq3$	$w[S]<0.001\%$，$w[S]_{min}=0.0002\%$
小倉康嗣	NK-AP—GI—RH	最佳渣系组成为60% CaO-8% SiO_2-32% Al_2O_3，处理终点$w[S]=0.0004\%$
屠宝洪	电炉出钢+LF+VD：合成渣	$w[S]=0.002\%\sim0.004\%$
沢村信幸	钢包喷粉：CaC_2、CaSi	碱度为5以上，$\eta_S=90\%$，$w[S]=0.001\%$，但易增氮
日本钢管	NK-AP喷粉	优化炉渣成分和强化搅拌$\eta_S=25\%\sim75\%$
战东平	出钢、LF、RH：以$CaO-Al_2O_3$预熔渣为基的合成渣	不同钢种和工艺条件选择不同的精炼渣组成，处理终点$w[S]$最低达到0.0003%

2.2.4.2 二次精炼存在的问题

二次处理技术对钢铁工业的发展所起的作用越来越大。二次处理技术本身的发展和相关技术的完善，对于钢铁生产流程的整体优化及钢铁产品质量的影响十分重要。在完善钢铁生产系统工艺和二次处理技术中，钢液温度补偿技术——加热方法、二次处理设备所用的耐火材料的质量和使用、防止处理后钢液再氧化，以及小型炼钢车间二次处理方法的最佳选择等问题还需要进一步研究。

A 钢液温度补偿技术——加热方法的选择

在各种二次精炼处理过程中，钢液温度都会降低。钢液温度下降程度与处理的钢液量、钢包的结构及预热温度、钢液表面的保温情况等因素有关。在40~50min的二次处理过程中，温度下降30~60℃，在个别条件下降温速度可高达10~20℃/min。为保证后续工序（连铸或其他处理）正常进行，钢液在二次处理过程中或处理之后必须再加热补偿温度损失。

钢液加热的方法很多，目前应用较多的是电弧加热。这种方法采用电弧直接加热钢液，热效率较高。但由于电弧对钢包衬的辐射，恶化了包衬的工作条件，降低了寿命。此外，对于小容量钢包（小于30t）直径小，对于三相电极的布置和容纳也有问题。其他物理加热方法也都各有利弊。

目前常用的另一种是化学加热方法，如CAS-OB、RH-OB等，向钢液中加铝、硅同时吹氧保证处理后的钢液温度符合连铸要求。这种方法不足之处是铝和合金的消耗量增加。该方法的另一问题是可适用的钢种有限。目前用于二次处理的加热方法，其加热速度不大，约2～6℃/min。这不利于提高生产率，不适应于生产的需要。因此，钢液处理过程中的温度补偿方法已成为二次处理的重要的相关技术，有待于继续进行研究。

B 二次精炼用的耐火材料

较早的资料表明，钢包衬寿命不高导致耐火材料费用在操作费用中的比例大为增加。如对于VAD炉，耐火材料费用占40.2%，对LF炉占53.7%。经过多年的研究和实践，用于二次处理的耐火材料的选择和内衬制作工艺有了较大进展，如RH用的直接结合的镁铬砖，LF炉渣线用的白云石砖或镁碳砖，VAD和ASEA-SKF炉用的高纯度白云石炭砖和镁白云石砖，不锈钢精炼容器用的烧成铬镁砖、白云石砖和镁白云石砖及镁铬砖。此外，耐火材料的寿命也成倍地增长。

2.3 炉外底喷粉脱硫的意义

通过对炉外处理中顶吹喷粉冶金工艺研究现状的综述分析，目前国内外顶吹喷粉工艺存在以上诸多问题，因此，开展对此技术全面而深入的研究具有重要的学术意义和现实应用意义。

在冶金过程中，为了去除钢液中的气体和杂质，达到均匀钢液成分和温度的目的，国内大部分钢包都采用吹氩气精炼。大量的实践和理论均已证明，这是一套既行之有效又价廉的工艺。有害气体在氩气泡中的分压较低，所以一个个氩气泡就犹如一个个真空室；而上浮过程中的氩气泡又能带动钢液中的夹杂物上浮，进入渣中。钢包吹氩可分为浸入式顶吹与底吹两种，其中钢包底吹氩工艺因在去除钢中夹杂物及有害气体等方面优于顶吹氩，而不占用场地，不需要升降卷扬设备，并可降低工人的劳动强度，被冶金行业广泛采用。在众多的底供气元件中，狭缝型透气砖由于能大大改善气体的动力学条件，气量调节范围最高可达10倍以上，能满足各种条件下的钢包底吹气量的要求，同时具有防渗透能力、气体可控能力强的特点，在我国的钢铁企业中得到了普遍应用。

本书结合底吹工艺和喷粉冶金的优点，利用狭缝式供气元件气量可调范围大及防渗漏能力强的特点，开发了一种新型底喷粉工艺。与顶吹喷粉相比，它具有投资少、消耗低、操作简单、脱硫率高等优点，是比较理想的脱硫新工艺，应用前景非常广阔。

3 底喷粉脱硫系统

大多数钢铁冶金反应是在钢-渣界面上进行的。加速反应物质向界面或反应产物离开界面的传输过程，以及扩大反应界面积，是强化冶金过程的重要途径。喷射冶金通过载气将反应物料的固体粉粒吹入熔池深处，既可以加快物料的熔化和溶解，而且也大大增加了反应界面，同时还强烈搅拌熔池，从而加速了传输过程和反应速率。所以，喷射冶金是强化冶金过程提高精炼效果的重要方法。

向铁水包内吹入铁矿粉、碳化钙和石灰的粉状材料进行脱硅、脱硫、脱磷的铁水预处理，向钢液深处吹入硅钙等粉剂进行非金属夹杂物变性处理时的钢包吹氩搅拌等过程，都采用喷射冶金方法。此外，喷射冶金也是添加合金材料，尤其是易挥发元素进行化学成分微调以提高合金收得率的有效方法。喷射冶金方法的缺点是粉状物料的制备、贮存和运输比较复杂，喷吹工艺参数（如载气的压力与流量、粉气比等）的选择对喷吹效果影响密切，喷吹过程熔池温度损失较大，以及需要专门的设备和较大的气源。

早在 20 世纪 50 年代，喷射冶金方法就曾被用来向铁水喷吹碳化钙、金属镁等材料，降低硫含量，但未受到重视。1969 年，联邦德国蒂森公司成功地喷吹 CaC_2，生产出焊接性能好、硫含量低、各向异性小的结构钢，并建成与 270t 平炉配套使用的喷吹设备。随后，法国钢铁研究院、瑞典冶金研究所等许多国家对这种新方法进行了大量喷吹机理和工艺的研究，如喷粉时气力输送原理，吹气时容器内的流体力学现象及冶金反应动力学特征，喷吹冶金粉剂对钢液或铁水的脱氧、脱硫及非金属夹杂物形态控制的机理和冶金效果，粉剂的制备贮存和运输，喷吹设备和控制装置等等，使喷射冶金发展成为一种适应性强、使用灵活、冶金效果显著，经济效益良好的钢铁冶炼方法，并迅速推广应用。我国 1977 年开始将喷射冶金列为钢铁企业重点推广技术，从 80 年代初开始从事喷吹技术的研究工作，并成功地研制和引进了一批冶金用喷粉设备，大多数钢铁企业先后建起了喷粉站或在炼钢炼铁车间增添了喷粉设备，对铁水和几十个钢种进行了处理，获得了良好的效果。

3.1 不同形式喷粉冶金设备的特点

目前已经应用的喷粉系统中，主要有三种方法，即 IRSID 法、TN 法和 SL 法，下面对这三种方法及其装置特点分别加以介绍。

3.1.1 IRSID 法及其装置特点

1963 年，法国钢铁研究院首先报道了他们的喷粉研究成果，并称之为 IRSID 法。该法是将参与冶金反应的粉剂，借助喷粉罐，又称粉料分配器，与载流气体混合形成粉气流，并通过管道和有耐火材料保护的喷枪，将粉气流直接导入钢液熔体中。

如图 3-1 所示，该装置由下列各部分组成：喷粉罐、流量和压力检测与控制系统、输送载流气体和粉气流管路系统、喷枪系统等。辅助设备有：具有把持、升降、旋转等功能的喷枪架，钢包盖，粉尘收集装置，粉料贮存仓，喷枪制作场等。

该装置可以连续地称量并记录喷粉罐的质量，从而得出喷粉罐的供料速率。还可以通过垂直于出料管的环缝，改变出料管的直径，以

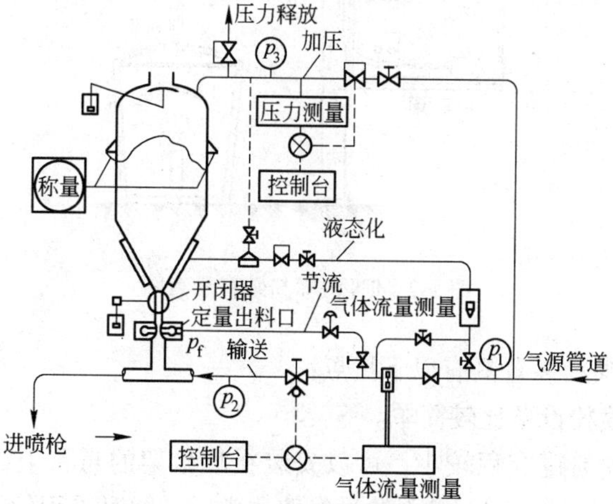

图 3-1 IRSID 喷粉装置示意图

调节粉料的流量。喷粉罐的工作压力一般为0.6~0.8MPa，最大高达1.6~2.0MPa。流态化用的气体流量较小，只在粉料出口孔区的内壁上发生流态化。

3.1.2　TN法及其装置特点

TN法由德国Thyssen Niederrhein公司于1974年研究成功，并投入工业性应用。这是一种利用惰性气体作为载体，通过浸入式的喷枪，向钢液喷射碱土金属或其他化合物精炼钢液的方法。TN法装置的组成有喷粉罐、气力输送系统、喷枪及其升降和回转系统、操作控制系统等。TN法喷粉装置如图3-2所示。

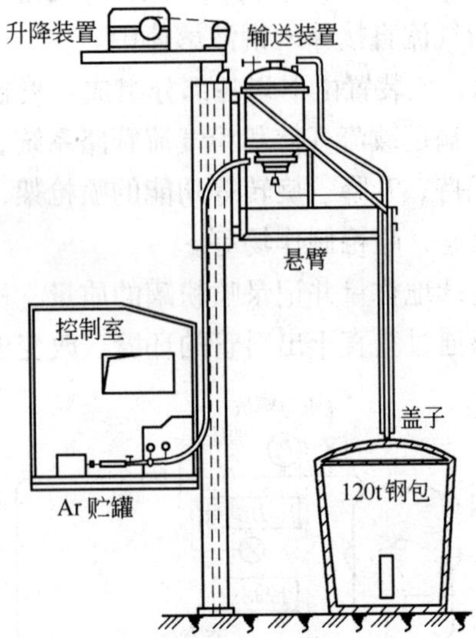

图3-2　TN法喷粉装置示意图

TN法喷粉装置具有以下特点：

（1）喷粉设备比较简单。

（2）喷粉罐容积较小，可以安装在喷枪架的悬臂上，随着喷枪一起升降和回转，因而粉料输送管路非常短，同时采用硬管连接，可靠性明显提高。

（3）在喷粉罐上设有上、下两个出料口，可根据粉料特性的不同，采用不同的出料方式。例如对于密度大、流动性好的粉料可用下部出料口出料，由于管道很短，压力损失较小，因此粉气比可以达到较大的数值。对于密度小、流动性差的粉料，如石灰粉和合成渣粉等，可以采用从上部出料口出料。

TN 法主要用于喷粉脱硫，所以要求采用碱性材料（常用白云石）砌筑的钢包，而且备有钢包盖以减少喷粉处理过程中的散热损失，此外还有防喷溅的作用。喷枪用袖砖保护，通过钢包盖上的开孔，插入钢液中大约距包底 65cm 处（对于 100t 钢包）。用氩气作载流气体，用量约为 10L/(min · t)。喷吹过程中，需用石灰和萤石在钢液面上造低氧势炉渣覆盖，以保护钢液。

TN 法喷吹的粉料，在碳含量上限允许范围内以 CaC_2 为主，在硅含量上限允许范围内以硅钙为主，特殊条件下喷吹镁粉或石灰粉加发热剂。

3.1.3 SL 法及其装置特点

SL 法是由瑞典科克姆兹（Kockums）建筑公司、乌特霍尔姆（Uddeholm）钢厂和瑞典冶金研究所（EFOS）联合组成的斯堪的纳维亚喷枪公司研制成功的。1976 年投产后立即得到了迅速的发展和推广，许多国家和地区引进了该项技术，我国共引进了十余套 SL 喷粉装置。

SL 法喷粉装置的组成如图 3-3 所示。其中喷粉罐、输送管道、密封储料罐、回收罐、喷枪、喷枪放置架、喷枪把持升降旋转机构，以及计量和控制系统等主要部件的相对配置如图 3-4 所示。

SL 法喷粉装置具有以下特点：

（1）喷粉系统中设有回收罐，它的主要作用是在进行冷态调试以确定各种喷吹参数时可以回收粉料，其次是在改喷不同粉料时可以回收喷粉罐中的剩余粉料。

（2）采用微孔尼龙套或其他弥散孔透气材料组成流化段，流化床的面积较小，主要集中在下段锥体接近出口部位，局部流态化的效果较好。

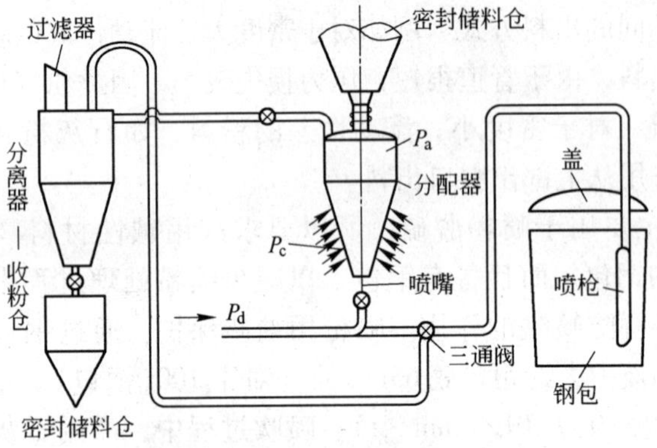

图 3-3　SL 法喷粉装置的示意图

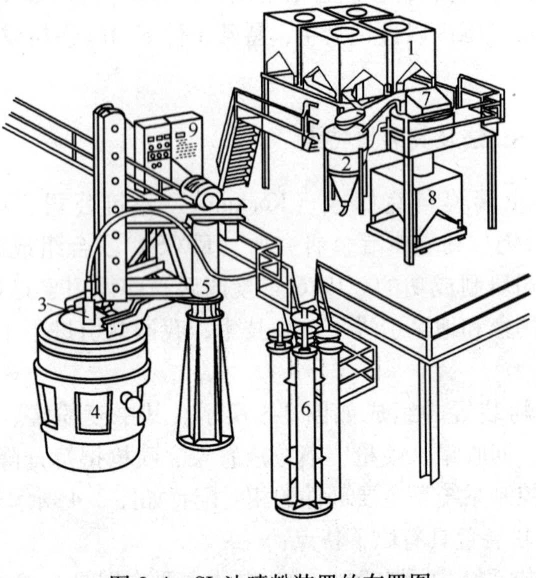

图 3-4　SL 法喷粉装置的布置图

1—储料罐；2—喷粉罐；3—喷粉；4—钢包；
5—喷枪把持升降机构；6—喷枪放置架；
7—过滤器；8—回收罐；9—计量、控制屏

（3）利用压差使喷粉罐内已流态化的粉粒通过罐的下料阀门流入管道，并可用压差来控制喷粉速率。当喷粉罐下料口直径一定时，

喷粉速率随压差的增大而变大。当选用恒定罐压操作或充压气体与流态气体来自于同一气源，即两者工作压力相等时，则压差无法主动调节，因此也就无法用压差来调节喷粉速率。

（4）下料喉口更换方便。

（5）助吹喷嘴装在水平供粉管路上。

（6）通向喷粉罐有三条管路，罐顶与密封料仓连接，中间设有密封阀门，喷粉罐装料后阀门关闭。另外两条分别通保持罐压的充压气体和流态化用气体，管道上设有调节阀和切断阀。这些阀门可自动也可手动操作。

SL 法使用的钢包材质有烧成黏土砖或高铝砖。高铝砖中 Al_2O_3 的含量（质量分数）为 65% ~90%，按喷粉工艺的需要选用。SL 法可喷吹的粉剂种类较多，如 CaSi、CaC_2、炭粉、Mg、CaO、FeB、Pb、Se 和 Te 等。所以 SL 法喷粉精炼的功能决定于所喷的粉剂，常用于喷粉脱硫或控制钢中非金属夹杂物的形态。

3.2 底喷粉系统

底喷粉系统主要由喷粉罐系统和狭缝型透气砖组成。

3.2.1 喷粉工艺

喷粉罐系统如图 3-5 所示，主要由称重装置和控制装置组成，其中称重装置通过荷重传感器对粉剂质量进行动态显示，并把信号传给控制系统，进而决定喷吹量和时间。通过喷粉罐系统向狭缝式透气砖输送合格的流态化的粉剂，再由狭缝式透气砖把粉剂从钢包底部喷入钢液中。喷粉罐系统分手动控制和自动控制。手动控制主要用于平时调试，手动操作时各种喷吹参数可即时任意调节，联锁功能处于关闭状态；自动控制由 PLC 全程程控和计算机操作，联锁功能处于开启状态，若由微机控制时，整个喷吹动作按预定的程序自动进行。具体喷吹过程如下：将粉料从储料仓输送进入喷粉罐，加完粉料后，开始往喷粉罐内送气加压。直至压力达到一定值时（喷粉罐压力参数需根据现场具体使用条件，调试后确定），控制引流气体的气控截止阀打开，引流气体开始工作，然后打开气化室中的流化气体，最后开启

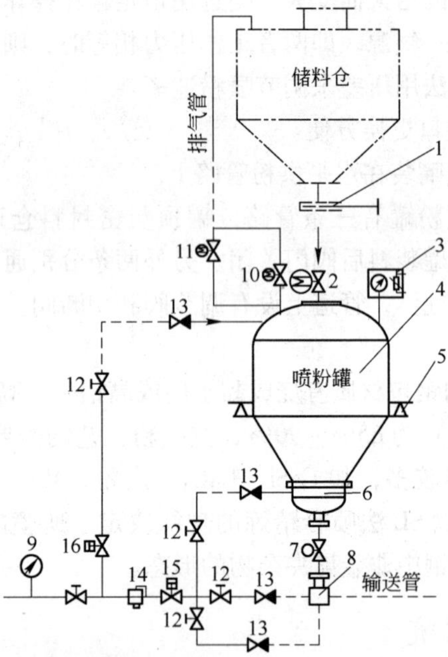

图 3-5　喷粉罐输送系统图

1—气动闸板阀；2—进料阀；3—压力变送器；4—喷粉罐罐体；5—称重传感器；
6—气化室；7—出料阀；8—混合室；9—电接点压力表；10—排气阀；
11—泄压阀；12—截止阀；13—止回阀；14—调压阀；
15，16—气控截止阀

喷粉罐下部出口的下料球阀，喷粉动作开始，粉料开始被输送到透气砖。粉料进入透气砖的气室，再分配给狭缝，通过狭缝到达钢液中。

输送开始后，喷粉罐内的物料不断被气流带入管道，随着管道内的物料不断增多，喷粉罐的工作压力也不断增高，这一过程为输送起始阶段。当压力达到一定值时，喷粉罐的工作压力再也不升高，保持恒定，此时即进入输送阶段，在这一阶段中，喷粉罐输送浓度也较高，所以效率也较高。随着罐内物料不断减少，喷粉罐的工作压力也不断降低，此时即进入吹扫阶段，即输送结束阶段。当喷粉罐压力降至一定值时（即保持恒定或降低的速度很慢），即表示输送结束。然后进气阀关闭，从而进入下一个工作循环。

3.2.2 喷粉冶金设备

新型底喷粉系统装置如图 3-5 所示。

3.2.2.1 储料仓

储料仓，又称加料装置，通常设置在喷粉罐上方，分别由下料管和闸板阀与喷粉罐连通，以便直接给料入罐减少运输，在整体结构上也紧凑，占地面积小。

为下料顺畅，除了保证一定锥度外，还在锥体部位增设流化机构，有的粉剂易吸收水分或在空气中易氧化，因此储料仓必须有良好的气密性，必要时充入惰性气体。料仓内如果装电石，则需设有气体浓度自动报警器，当 C_2H_2 浓度达到 0.5% 时自动报警，确保安全。储料仓一般要有 1 ~ 3 天的储存量。

3.2.2.2 喷粉罐

喷粉罐又称喷吹罐、分配器，是喷粉系统的核心设备，被誉为喷粉工艺的心脏。它以氮气、氩气等气体为动力，周期性地输送干燥的粉粒状粉剂，它的工作状态直接影响到整个系统的正常运行，其结构和控制手段又直接影响喷粉的稳定性和灵活性。根据喷粉冶金工艺的要求，喷粉罐应具有送粉速度均匀、稳定而且可调、无脉动和无堵塞现象的特性。此外，其结构应简单，工作性能可靠，能适应多种粉剂的输送。

喷粉罐的结构形式比较多，有气压式、振动式和流态化式。气压式靠通入的气体压力迫使粉剂下落到输送管道；振动式是利用安装在罐底部的振动器振动使粉剂下落到管道内。应用最广泛的是流态化式。按喷粉罐出料方式分有上出料喷粉罐和下出料喷粉罐；按粉剂流态化方式分有平床式（上、下出料两种）和锥体流化段式。

喷粉罐主要由进料装置、排气装置、罐体、出料装置等组成。

（1）进料装置：即进料阀，设置在喷粉罐上部，用于控制喷粉罐进料，通过气动球阀动作，打开及关闭进料口。

（2）排气装置：即排气阀，设置在喷粉罐上部。通过气缸的动作，打开或关闭阀门，在输送结束后以加速罐内泄压，使进料顺畅并防止喷粉罐内的余气窜入上部，影响上部设备的正常工作。

(3) 罐体：作为整个输送系统的发送粉剂存储装置，它是一个耐磨损、抗疲劳的压力容器，能长期经受气流和粉剂的冲刷和磨损。罐体主要包括壳体、流化室。壳体由耐压钢板焊接而成，上部采用标准椭圆封头，在封头中有接管段以连接进料阀，沿封头圆周布置有压力表、排气、加压、安全阀等接口。壳体中部为无缝钢管制成的直管段，并开有标准孔供检修用。下部采用一般不大于60°折边锥形封头，内部设有流化装置。

(4) 出料装置：设置在喷粉罐的下部，用于控制喷粉罐出料，通过气动球阀动作，打开及关闭出料口；设有人工调节喉口装置。

随着固体流态化理论基础的发展，国内外目前普遍采用在锥体段装有流化器用压差控制的下出料喷粉罐。底吹喷粉罐主要技术参数见表3-1。

表 3-1 喷粉罐主要技术参数

项 目	参 数	项 目	参 数
全容积	0.35m^3	直 径	ϕ800mm
有效容积	0.18 m^3	焊缝系数	0.85
粉剂种类	石灰系	设计温度	≤100℃
粉剂粒度	≤1mm	工作温度	≤80℃
设计压力	0.79MPa	喷粉工作压力	0.2~0.72MPa
喷粉速度	0.5~10kg/min	控制方式	压差控制
容器类别	I	腐蚀裕度	I
出料形式	下出粉	工作介质	电石、石灰粉剂、氮气、氩气

A 喷粉罐的几何特性

为减少粉剂与罐壁之间的摩擦力，便于粉剂的顺利流出，喷粉罐应做成瘦长形的。高宽比在1.7~2.3之间。

喷粉罐的圆锥角主要取决于粉剂种类和粉剂的性质，一般小于60°。锥角较小时，罐壁对粉剂的阻力减小，喷吹过程稳定，粉残余量小。但太小时，料柱过高，不利于粉剂的流态化。

喷粉罐的有效容积一般满足一次最大限度需要量即可，另外再加上在锥体段留200~400mm的剩余粉量，以防罐顶气体穿透料层，这样后期由于气体叠加，气量变大，喷溅严重，同时由于气量增加，载粉浓度变小，延长喷吹时间。如容积太大，有时不能连续生产，时间长了，粉剂水化，在罐内结瘤，再生产时很难处理。另外，容积大，称量误差也大，因此喷粉罐的容积不要做得太大，一般满足：

$$V_{容} = V_{效}(1.4 \sim 1.5K) \tag{3-1}$$

式中 $V_{容}$——喷粉罐的总容积，m^3；

$V_{效}$——喷粉罐的有效容积，m^3；

K——装满系数，$K=1.15\sim1.20$。

B 喷粉罐内粉剂流态化

粉剂的喷出速度是由控制喷粉罐中粉剂的流出速度来实现的。由于罐内粉剂颗粒之间和粉剂与器壁之间的摩擦、黏结力等影响，石灰粉的流动是极不稳定的，常常出现波动以致架桥断流现象，即使罐顶压力大于输送管道压力，也不能达到顺利下粉的目的。因此，通常在罐体下部锥体内侧设置流化装置或松动装置。通过调节通入的气量，使锥体部分的粉剂流态化或半流态化，增加颗粒之间以及颗粒与器壁之间的距离，因而减小或消除了它们之间的作用力。喷粉罐工作时，为流态化送入的气体大部分随粉剂一起流出，小部分气体留在罐内以补充粉剂输出后留下的空间，保持罐压，实现均衡供料。此外，上升的气体又有翻动罐内料层的作用，使粉剂不断下降到出料口。

a 流化机构

为使粉剂平稳、连续、均匀地自喷粉罐流出，保证在罐内不挂料，不搭桥，并顺利经喉口进入喷射器，在圆锥体部分应使粉剂局部流态化，设置流态化装置。

流化机构种类很多，如多孔透气板、多孔棒、锥体上开小孔、不锈钢丝网、尼龙套流化器、金属粉末套流化器等等。其中，尼龙套流化器和金属粉末套流化器结构简单，维修方便，流化效果好。底吹喷粉设备在罐体设置可拆卸的帽状流化室，室内设有流态化装置（为一级流化），其为复合气化层结构，它不但可消除料柱高度变化对出料速度的影响，使出料速度均匀稳定，且可使粉剂更好地流态化，避免因石灰粉的流动不稳定而出现架桥断流现象。

流化部位是最重要的，要以粉剂的性质和喷粉罐的结构而定，如粉剂粒度很小，流动性很差，流化段就要高些，反之则要矮些。合理的流化部位应选择在150~200mm之间。底吹喷粉系统用喷粉罐容积较小，流化高度约为100mm。

b 流化气量及流化面积

流化气量的大小对下粉速度和稳定性影响是明显的。过小的流化气量达不到石灰粉的流态化目的。既保证不了石灰粉的畅行，又影响下粉的稳定性。但是过大的流化气量会使罐顶压力不稳定，破坏了罐内外压差值的恒定性，这样不仅下粉速度不稳而且脉冲严重，给下粉速度的控制带来很大困难。因此，流化机构性能的好坏、流化气量的大小、流化部位的确定和流化面积的大小都会直接影响下粉速度的稳定和下粉过程的畅行。

由于流化气量对保证下粉速度和下粉过程的稳定影响很大，因此在确定流化面积时要特别慎重，流化气量以保证流化区域粉剂达到流态化，大致为总气量30%~35%。流化面积一般为喉口断面面积的1~2倍为宜。

c 喉口直径的确定

喷粉罐的供粉能力取决于粉剂种类、罐内外压差和喷粉罐的结构，它的下料口称为喉口，由于喉口处上下的距离很小，可忽略其阻力损失。由此可确定粉剂通过喉口的出料速度，由：

$$\frac{1}{2}\rho U^2 + \int_{P_1}^{P} \mathrm{d}P = 0 \tag{3-2}$$

推出：

$$U = (2 \cdot \Delta P/\rho)^{\frac{1}{2}} \tag{3-3}$$

所以供料速率 W 为：

$$W = U \cdot \rho \cdot A = A \cdot (2 \cdot \Delta P \cdot \rho)^{\frac{1}{2}} \tag{3-4}$$

式中 ΔP——喉口处上下压差，Pa；

ρ——气粉混合物的密度，kg/m^3；

A——喉口面积，m^2；

W——供料速率，kg/s。

式（3-4）表明，供粉速率是喉口断面和压力差的函数，可用来调节送粉量。喉口断面能保证在较宽的压差范围内均匀送粉，在工艺参数略有波动时，如粉剂粒度等变化不大时，也能保持均匀送粉。当送粉强度较大时，则可采用更换喉口来达到调节的目的。

可见，当压差不变时，粉剂速度随喉口直径的增加而呈线性关系增大。

3.2.2.3　混合室

混合室设置在出料装置下部，用于对粉剂进行流化，加速粉剂运行速度，调节混合比，以及在关闭喷粉罐出料阀后将管道中的粉剂吹扫干净；另外，内设复合流态化装置，中部设置喷射管（与传统喷射器有较大的不同）。

混合室又称喷射器、引射器，是利用高速气流由小管流入两端开口的大管中，在大管入口处形成负压，带动低速（静止）的流体运动，使后者增加能量，以克服流体运动的阻力，并随高速气体一道向前运动。喷射器装在喷粉罐出料阀之后。当关闭出料阀停止下料时，继续供气可将管路中的粉剂吹扫干净。喷射器多设计成拉瓦尔管式喷射器和挡板式喷射器两种形式，如图 3-6（a）和图 3-6（b）所示。拉瓦尔管式喷射器的设计特点是气流通过喷射管吹入，使粉剂得到加速。挡板式喷射器则在粉剂入口处接设挡板，由于助吹气流和从喷粉罐中出来的气粉流交角减小，减少了卷流的形成，使喷吹更加稳定。

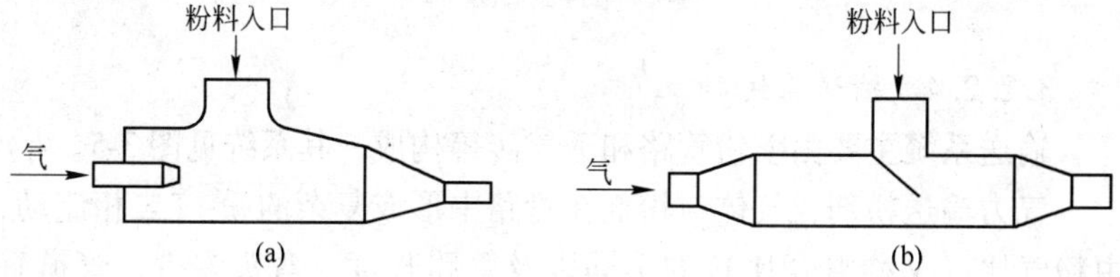

图 3-6　喷射器种类和结构

（a）拉瓦尔管式喷射器；（b）挡板式喷射器

国内外针对不同的喷粉罐类型设计了不同的喷射器结构。北京钢铁研究总院于 1984 年研制成功的 BSY 型喷粉罐采用的是在罐体下部设置一种新型喷射器，该喷射器既可以起到引喷粉流的作用，又能通过旋转气流的作用使引入的气流很好地与喷粉罐粉流混合，同时还具有良好的消除脉动效果。瑞典 SL 型喷粉罐采用的是双层套管式结构喷射器，该引喷器装设在水平供粉管路上，内管是从喷粉罐出来的高浓度粉流，外管引入不含粉气体，利用外层气体对粉流的包裹引导作用，来实现引喷和冲淡粉流浓度。德国 TN 型喷粉罐设置的是一种胃形引喷器，粉剂在这里得到进一步混合和均匀化，有利于稳定喷吹。

最新设计开发的混合室结构如图 3-7 所示，其结构特点是：

（1）喷射器延长至粉剂出口，这样使从粉剂入口进来的粉剂在粉剂出口处形成负压，带动低速流体运动；

（2）在混合室下部设置气化层装置，使输送的粉剂浓度进行稀释，粉剂在这里得到进一步混合和均匀化。

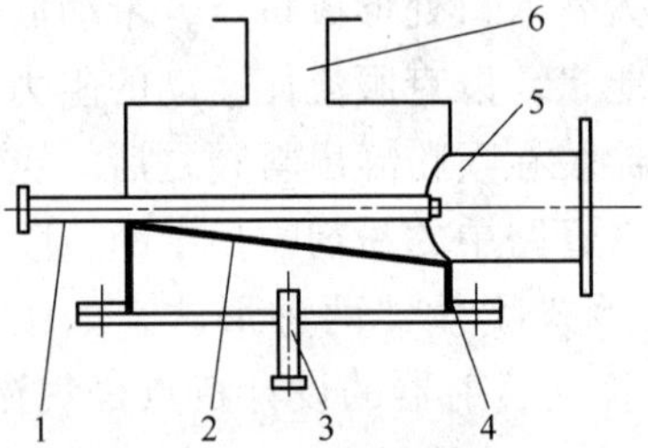

图 3-7　混合室结构

1—喷射管；2—气化层；3—气化接口；4—气化室体；
5—粉剂出口；6—粉剂进口

3.2.2.4　输送系统

输送系统主要由喷粉管路和透气砖等构成，其系统见图 3-5。

气力输送粉剂，气体与粉剂在管路中形成复杂的粉-气二相流动，由粉气比（又称混合比）的不同以及管路长度、弯头多少、管道垂直或倾斜或水平等因素和料本身的特性等使管路计算复杂化。气力输送按系统内压力可分为负压输送和正压输送，底吹喷粉系统采用正压输送。

根据粉气比又可分为浓相输送和稀相输送，浓相输送是指粉气比达80～150kg/kg的状况，而喷射冶金喷粉时粉气比为20～40kg/kg，属于稀相输送。粉剂量占混合物体积的1%～3%。

管路设计中需确立的几个重要参数是系统工作压力、喷吹输送管道的管径、透气砖狭缝尺寸和形式。

A 系统工作压力

供给喷吹系统的载气压力（气源压力）应稍大于计算出的工作压力。工作压力是克服整个系统各项压力损失（各种阻损）和钢包中钢液、钢渣的静压力之和。

$$P > \Delta P_{罐} + \Delta P_{管} + \Delta P_{砖} + \Delta P_{钢渣} \tag{3-5}$$

式中 P——工作压力（表压）；

$\Delta P_{罐}$——喷粉罐前管路中阻损和罐内阻损；

$\Delta P_{管}$——粉-气流在管道中流动的各种管路损失，包括与管壁的摩擦阻力、弯头阻力、进入透气砖气室的截面变化以及粉粒间碰撞和气料相对速度差等；

$\Delta P_{砖}$——透气砖内流动和喷出口处的阻损，包括截面变化、摩擦等；

$\Delta P_{钢渣}$——透气砖出口处以上的钢液、渣的静压力。

根据文献资料，式（3-5）中各项压力损失经验数据如下：

$\Delta P_{罐}$ = 0.05～0.10MPa。试验条件下，测得 $\Delta P_{罐}$ = 0.03～0.05MPa。

$\Delta P_{管}$ = (0.00026m + 0.00049)L，MPa。其中：m 为送粉量，kg/kg；L 为管长，m。试验条件下，测得 $\Delta P_{管}$ <0.01MPa（实验室）。

底吹喷粉系统条件下，测得 $\Delta P_{砖}$ =0.01～0.06MPa（相对气体）。

B 载气流量与管径

为使粉剂处于悬浮状态的前进气流，必须具有一定的速度和流量，如气流太小，管内易堵塞或产生脉动，气流太大则钢包中的喷溅和管路中摩擦损失加大。通常是保证一定悬浮速度下，计算所需之最小气流量。最小气流量应大于悬浮速度所需的气流量。悬浮速度与载气流量关系如下：

$$U_x = \frac{Q}{A(1+P)} \tag{3-6}$$

式中 U_x——粉剂悬浮速度，m/s；

Q——载气流量，L/min；

A——管道截面面积，mm^2；

P——管道内载气压力，(×101325Pa)atm。

改写式（3-6），A 换为管道直径 d，得：

$$Q = \frac{U_x d^2(1+P)}{21.22} \tag{3-7}$$

输料管道直径 d 可按式（3-8）计算：

$$d = \sqrt{\frac{4Q}{60\pi v}} = \sqrt{\frac{4\dot{m}}{60\pi\mu\rho v}} \tag{3-8}$$

式中 Q——载气流量，L/min；

v——载气流速，m/s；

$\dot{m}$——粉剂流量，kg/min；

μ——粉气比（混合比），kg/kg；

ρ——载气密度，kg/m^3。

3.2.2.5 控制系统

控制系统由PLC控制柜和喷粉罐电磁阀箱等组成。

系统的控制是由可编程控制器（简称PLC）进行控制，系统可编程控制器采用西门子产品，其型号为S7-200 CPU266XM。并带有模拟量输入/输出模块，方便记录连续的生产数据。

PLC实际上是一台微机，其内部采用程序控制，各种工作步骤及工作过程的控制都可以在PLC内部进行，可以实行复杂的逻辑功能。与继电器控制相比，具有控制功能多、外围元件少、工作可靠性高、使用寿命长等优点。

系统设置一台PLC控制柜。在PLC控制柜的上部设有模拟面板，在模拟面板的左侧设有显示仪表，用于显示喷粉罐的工作压力和气源压力，现场的压力信号通过压力变送器转换成4~20mA的电流信号，进入数显表后以数字形式显示在仪表上，同时在该数显表上还有报警点输出（即压力的上上限、上限和下限）。用于显示气源压力数显表用一个上限和下限，当气源压力高于此上限时，系统继续工作；当气源压力低于此上限时，PLC 控制系统就停止开启输送（正在输送的不停止）；当气源压力低于下限设定值时系统报警。用于显示喷粉罐的输送压力的数显表的上限接点用于输送管道内的最高压力（即堵管压力），其下限接点用于输送管内的最低压力（即输送结束压力）。上述两个数显表的报警点（压力值）现场可调。

模拟面板的另一侧是喷粉罐工作的模拟显示，同时还有称重显示仪，在进料阀打开向罐体内下料，当达到一定的质量时（称重显示仪上可调整质量设定值），称重仪发出粉剂到达设定值信号，控制系统就关闭进料阀和排气阀。模拟面板下是按钮控制板。

“喷粉罐进料开”按钮是喷粉罐进料的启动按钮。按下按钮排气阀和进料阀会自动打开阀门，中间的延时会自动完成。

“喷粉罐进料关”按钮是喷粉罐进料的停止按钮。按下后所有的进料装置都会关闭，当然当质量达到后也会全部关闭喷粉罐的进料装置。

“喷粉罐输送启动”按钮启动后加压阀开启，当达到一定的压力后，输送阀和出料阀打开，其中的开启顺序按照程序自动完成。

“喷粉罐输送暂停”按钮按下后，关闭加压阀和出料阀，而输送阀仍旧照常运行，“喷粉罐输送暂停”按钮在输送时才使用。

“喷粉罐输送停止”按钮的作用是直接关闭所有参与输送的阀门，包括加压阀、输送阀、出料阀、泄压阀。

在模拟面板上的指示灯在阀门打开时，相应的指示灯亮，关闭时，相应的指示灯灭。

就地箱的按钮操作如下：

“手动/自动”旋钮是用来切换喷粉罐的运行方式的。当切换到手动位置时，就地箱上的按钮才能使用。当切换到自动位置时喷粉罐才能以自动的方式进行控制运行。

“排气阀”、“进料阀”、“输送阀”、“出料阀”、“加压阀”、“泄压阀”是手动旋钮，用于喷粉罐调试时对喷粉罐各阀门进行手动操作。在操作这些手动旋钮时，必须将“手动/自动”旋钮打到手动位置后方能操作。当旋钮转至开的位置时阀门打开，转至关的位置时阀门关闭。

压力变送器选用 RPT-Ⅲ型，其为二线制变送器，24VDC 供电，4～20mA输出电流。

称量控制器选用 GGD-330 型，是一种集称量、显示、四定值控制及模拟变送等多功能于一体的小型控制仪表，其输出电流为4～20mA，输出精度达 0.03% FS。采用双单片机结构和三积分 A/D 转换器。智能化程度高，所有调校均由前面板轻触盘操作。具有测量灵敏度高、速度快、稳定性好、操作简便等特点。

电磁阀箱设置在喷粉罐的支腿上，箱内配置控制气缸工作的电磁阀，对喷粉罐工作进行控制。

3.3　底喷粉用透气砖

在大多数二次精炼设备中，都采用透气砖吹入惰性气体，以强化熔池搅拌，净化钢液，并使温度成分均匀。因此，透气砖在二次精炼中所起的作用也是很重要的。

由透气砖导入气体的方法应用于炼钢，曾在 1901 年的专利（透过下注钢锭用耐火材料导入碳化氢，防止钢液被空气氧化的方法）中提出，应用于钢包则是在比钢液温度低的铁水中进行脱硫时开始的。使用透气砖吹氩搅拌的方法应用于钢铁的实验，始于斯拜尔，1950 年实用化，称作 GAZAL 法。日本也从 20 世纪 50 年代末开始了透气砖的开发实验，1960 年，使用透气砖吹气搅拌进行铁水脱硫的方法（PDS 法），在八幡制铁所实用化。斯拜尔等人于 1959 年将其应用于钢包脱气，作为 GAZID 法，于 1963 年在法国的尤西诺尔（Usinor）工厂实现了工业化。其后，这种方法作为小容量钢包用简便的脱气法，在欧美各公司为熔炼特殊钢而普及。使用透气砖吹氩气搅拌法，是钢包内钢液最简便的搅拌手段，以后实用化的 VOD 法、VAD 法、LF 法、CAS 法等，几乎所有的钢包精炼法都装备了它。我国钢包吹氩搅拌的开发应用始于 20 世纪 50 年代中后期，并取得了长足的进步。

由于制粉技术的发展，通过底喷粉金属液脱硫是一个值得探讨的问题。但除了寻求合适的脱硫剂粒度问题，尚需要解决气体可控性、金属液渗透性等问题。狭缝型透气砖因供气可调范围大、抗侵蚀性能好等优点被广泛应用。

3.3.1 底吹气体精炼基本原理

随着制氧工业的发展，氩气作为制氧的副产品被分离出来了，它的利用也被提到日程上来了，钢包吹氩精炼钢液的新工艺就是在这一前提下发展起来的。

氩气是一种惰性气体，吹入钢液内的氩气既不参与化学反应，也不在其内溶解，氩气内的氢、氮、氧等含量很少，可以认为吹入钢液内的氩气泡对于溶解在钢液内的气体来说就像一个小的真空室，在这个小气泡内其他气体的分压力几乎等于零。根据 Sieverts 定律，在一定温度下，气体的溶解度与该气体在气相中的分压力的平方根成正比，即 $[\%\mathrm{H}] = K_{\mathrm{H}}\sqrt{P_{\mathrm{H}_2}}$。

钢中溶解的气体不断地向氩气泡内扩散，气泡内的分压力增大，但是氩气泡在上浮过程中受热膨胀，因而氮气和氢气的分压力仍然保持在较低的水平，继续吸收氢和氮，最后随氩气泡逸出钢液而被去除。此外，氩气泡上浮过程中推动钢液上下运动，搅拌钢液，促使其成分和温度均匀，未吹氩前在钢包的上、中、下部钢液存在着温度梯度，成分也有差别。细小分散的氩气泡表面与非金属夹杂物有机会接触，当氩气泡中氧气分压趋于零时，氩气泡表面与钢液中非金属夹杂物界面张力明显减少，夹杂物被氩气泡吸附并携带浮出钢液面而排除。钢液的搅拌还促进了夹杂物的上浮排除，同时又加速了脱气过程的进行。

3.3.2 底吹气体搅拌用透气砖

用于钢包气体搅拌的透气砖是由耐火材料制成的。其形状如截头圆锥，外面包有钢套，钢套底部焊有空心螺栓，如图 3-8 所示，用钢套包住透气砖并在进气端与透气砖形成一定的空间（蓄气室），避免吹入气体从透气砖的边上逃逸，使全部搅拌气体从透气砖上面吹入，以搅拌钢液。吹入的搅拌气体首先进入蓄气室，再通过透气砖的气孔

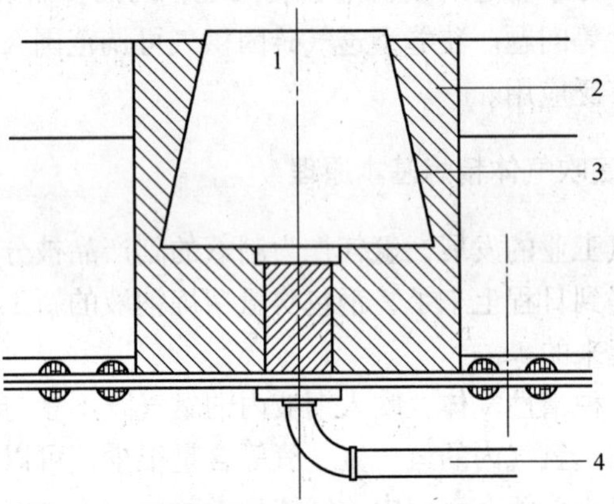

图 3-8 透气砖安装图

1—透气砖；2—耐火泥；3—钢套；4—通氩管

进入钢液中，有利于搅拌气体集聚，吹成率高。

3.3.2.1 气体搅拌用透气砖类型与结构

透气砖按其内部结构形式有弥散型、狭缝型、直通孔型、迷宫型等类型，各种类型的结构如图 3-9 所示。

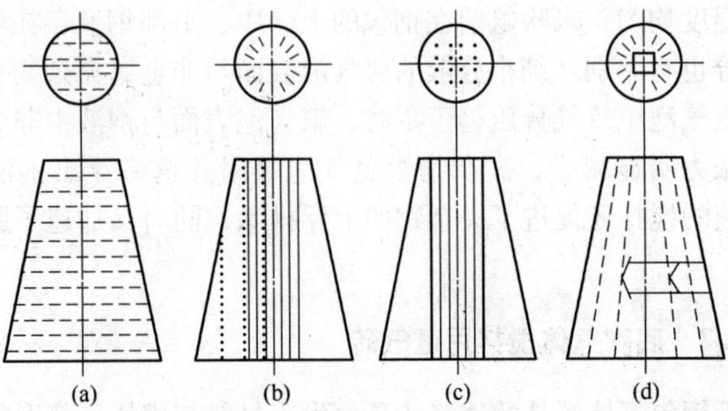

图 3-9 各种型式透气砖

(a) 弥散型；(b) 狭缝型；(c) 直通型；(d) 迷宫型

(1) 弥散型。由等径颗粒经压制烧结而成，在压力作用下颗粒之间形成堆积孔隙，由这些孔隙形成气体通道。这种透气砖具有大量非定向不规则分布的、尺寸各异的贯通气孔，气体经由这些贯通气孔通过。其优点是制造工艺简单，易于生产。缺点是：气流不稳定，气泡易聚为大气泡，对钢液净化不利；气流反向冲击大；钢液渗透度大，易堵塞；使用寿命低。

（2）狭缝型。由数片致密耐火砖层叠起来，在片与片之间放入隔片，再用钢套紧固封闭，这样在片与片之间形成气体通道。或是在制造耐火材料时，埋入片状有机物质，烧成后形成直通狭缝或气孔通道。其优点是：气流稳定，气泡尺寸较小，对钢液搅拌效果好；气流反向冲击小；材质致密，强度高；使用寿命长；通气量调节幅度大；钢液不易渗透，吹成率高，安全可靠性高。缺点是制造工艺复杂，制作精度要求高。由于狭缝型透气砖所具有的结构特点，该型透气砖已在钢包二次精炼中得到广泛应用。按照狭缝布置形式又可分为：圆形、方形、星形、环形等多种，如图 3-10 所示。环形在布置上又分为狭缝统一型（即狭缝均一样）、狭缝不统一型（狭缝不一样，狭缝大小间隔布置）。底吹喷粉系统选用狭缝均一样的环型。

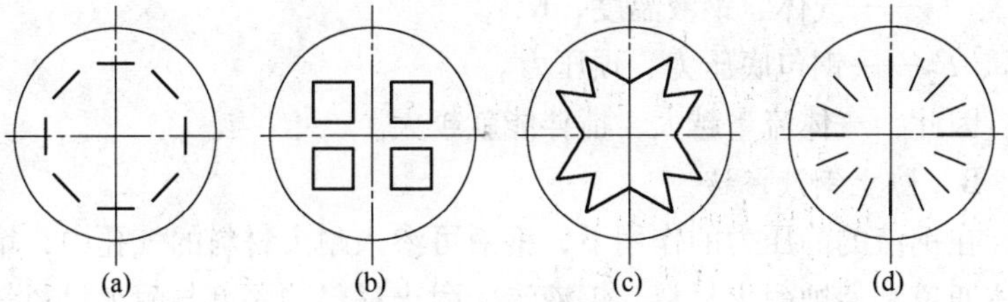

图 3-10 狭缝型透气砖种类

（a）圆形；（b）方形；（c）星形；（d）环形

（3）直通孔型。由耐火材料与埋入其中若干根金属细管组成，或在制造耐火材料时埋入定向有机纤维，烧成后形成直通气孔通道。其优点是：气流稳定，气泡尺寸较小，对钢液搅拌效果好；气流反向冲击小；材质致密，强度高；使用寿命长。缺点是制造工艺复杂，通气量小，后期易堵塞。

（4）迷宫型。系通过狭缝和网络圆孔向钢包吹气。其优点是：气流稳定，气泡尺寸较小，对钢液搅拌效果好；气流反向冲击小；材质致密，强度高；使用寿命长；通气量调节幅度大；钢液不易渗透，吹成率高，安全可靠性高。其缺点是制作工艺复杂，价格较高。

3.3.2.2　性能要求

氩气通过透气砖吹入钢包中形成均匀稳定的气泡流，气泡流上升时搅拌钢液，使钢液的成分和温度均匀化，促进钢液中夹杂物上浮，达到净化钢液作用。钢包透气砖常与 LF、VOD、CAS-OB 等精炼方法同时使用，以提高精炼效率，获得更好的冶金效果。从透气砖的功能和使用环境来看，对透气砖的要求主要有下述几个方面。

A　透气性能

气体的搅拌能与气体流量有以下关系：

$$E = \frac{Q}{22.4}RT_2\left(1 - \frac{T_1}{T_2} + \ln\frac{P_1}{P_2}\right) \tag{3-9}$$

式中　E——气体的搅拌能，W；

Q——气体流量，m^3/s；

R——气体常数；

T_1、T_2——气体、钢液温度，K；

P_1、P_2——钢包底压力、顶压力。

因此，气体流量越大，搅拌能就越大。

B　防止钢液渗透

在钢液的静压力的作用下，钢液可渗入耐火材料的气孔中，堵塞气体通道和侵蚀耐火材料。钢液渗入耐火材料的深度与耐火材料气孔孔径、钢液的高度和表面张力、钢液与耐火材料的接触角有关。如图 3-11 所示。

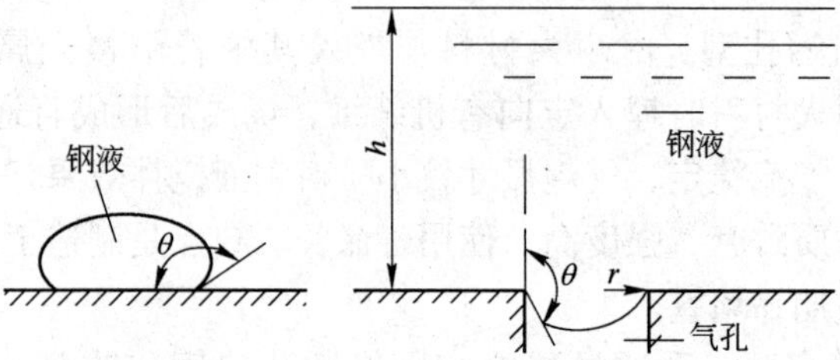

图 3-11　钢液渗入耐火材料气孔

其关系式如下：

$$\rho ghr = 2\sigma\cos\theta \tag{3-10}$$

式中 ρ——钢液的密度，kg/m^3；

g——重力加速度，m/s^2；

h——钢液高度，m；

r——耐火材料气孔孔径，m；

σ——钢液表面张力，Pa；

θ——钢液与耐火材料接触角，(°)。

可见，防止钢液渗透的主要措施为耐火材料孔径应尽量小，采用难被钢液浸润的耐火材料。当钢液的密度、表面张力及与耐火材料的接触角为常数时，耐火材料孔径越大，钢液越容易浸入。

C 耐热和耐渣侵蚀性能

透气砖工作端部的温度随精炼过程变化很大。钢包接钢时，工作端部受到高温钢液冲击，温度陡然上升，喷吹氩气时受到冷气流冷却，产生很大的热应力作用。因此，要求透气砖具有优良的耐热抗震性。

氧含量高的钢液和炉渣侵入透气砖后，与耐火材料发生反应，形成低熔点液相，导致透气砖的熔损和堵塞气孔。因此，要求透气砖具有优良的耐侵蚀性能。

D 强度高耐冲刷

为清除使用过程中侵入透气砖的钢渣，恢复透气砖的供气功能，通常要对透气砖表面进行吹氧清理，使表面黏附的钢渣熔化，与此同时，向透气砖送入喷吹气体，吹走熔渣。在吹氧清理过程中，透气砖在高温下受到高速气体的冲刷作用，要求透气砖应具有足够的高温强度和耐冲刷性能。

3.3.2.3 典型透气砖的理化性能和材质

表 3-2 为典型透气砖的材质及理化性能。

3.3.2.4 透气砖的损毁机理

透气砖的损毁原因主要有热应力的作用、机械磨损作用、化学侵蚀作用、机械应力的作用等四个方面。

表 3-2　典型透气砖的材质及理化性能

材　质		镁铬砖	刚玉砖	镁　质	刚玉质	铬刚玉质
化学组成（质量分数）/%	MgO	60.8		95.5～96.3		
	Cr_2O_3	20.0				2.5～5.0
	Al_2O_3		93～95		97	80.0～92.0
体积密度/$g \cdot cm^{-3}$		2.23	2.5～2.65	2.5～2.65	2.85	2.90
显气孔率/%		17.4	33～35	26～29		
常温耐压强度/MPa		91.4	25～35	17～20	30	80
透气度/μm^2		150	1520～2220	800～1000		
供气量/$L \cdot min^{-1}$		60			500	200～6500

（1）热应力的作用。透气砖工作面的耐火材料，尤其是出气口四周的耐火材料，因与高温钢液直接接触，受到高温钢液及不断流出的冷气流的影响，产生很大的温度梯度，由于多次使用，透气砖受到的急冷急热作用力大，尤其靠近出气口部位所受到热应力更大，容易产生裂纹。

（2）机械磨损作用。出钢过程中钢液高速、强力对钢包底部的冲刷，加快了透气砖的损蚀；有人通过水力模型试验对透气砖损蚀情况的研究发现：当低速流动的气流射入液相熔池时，气流反向冲击透气砖前沿，给出气口四周的耐火材料以一定的冲击力。当进一步提高气体流速时，反向脉冲频率降低，但反向冲击强度进一步增大；另外，当吹氩进入正常喷射状态时，强烈的气泡组成气体喷射束，喷射束加强了钢包底部的搅拌，钢包底部液相运动加剧，两相卷流使透气砖受到强烈的剪切和冲击应力的作用。透气砖高于座砖时受这种卷流的剪切、冲刷尤其明显，高于座砖的部分一般在使用一次后即被冲刷掉；另外，精炼结束后若快速关闭阀门，钢液的反向冲击也会加速透气砖损毁。

（3）化学侵蚀作用。透气砖工作面与渣、钢液接触时间长，在整个包役中，熔渣不断向砖中浸润、渗透。钢液、渣中氧化物 MnO、

MgO、SiO_2、FeO、Fe_2O_3等与砖发生反应生成低熔点物质被冲刷而造成透气砖被侵蚀。

(4) 机械应力的作用。包底耐火材料工作面与高温钢液直接接触，包底耐火材料非工作面温度相对较低，在盛接钢液→钢液浇注→钢包热修→盛接钢液的循环使用过程中，钢包的温度一直在变化，包底耐火材料体积相应发生变化，由于包底耐火材料温度梯度的存在及包底耐火材料变质层与原质层的膨胀系数不同，包底耐火材料工作面到非工作面各层相应的体积变化不同，从而对透气砖产生剪切的力量，使透气砖产生横向裂纹，甚至会使透气砖出现横向断裂现象。包底整体浇筑的钢包在烘烤过程中，升温速度过快，包底耐火材料温度梯度过大，透气砖也会出现同样的现象。

3.3.3 底喷粉用透气砖

底喷粉用透气砖由于其自身功能等原因，对透气性能、防止金属液渗透、耐热震性好、耐渣腐蚀、强度高耐冲刷、安全可靠等要求更为严格。因此，有必要对狭缝参数、气室结构、耐材选择等进行深入研究。

3.3.3.1 狭缝参数的确定

A 狭缝厚度

透气砖气体流量：

$$q_v = \frac{B\delta^3 \Delta p}{12\mu L}\left(1 - 0.62\,\frac{\delta}{B}\sum_{n=1}^{i}\frac{1}{n^5}\tan\frac{\pi nB}{2\delta}\right) = C\,\frac{B\delta^3 \Delta p}{12\mu L} \quad (3\text{-}11)$$

式中 B——狭缝宽度；

δ——狭缝厚度；

L——狭缝长度。

由式（3-10）和式（3-11）可知，提高透气砖的吹成率，狭缝本身尺寸至关重要。其中，狭缝厚度是非常重要的参数，狭缝厚度过大钢液易渗入；狭缝厚度过小吹透性差、阻损大，必须要有一个合适的值。为了保证良好的透气性，减少沿程压损，透气砖应留有足够的孔隙。但孔隙过大，会引起钢液渗入，影响透气性能。为了防止钢液渗入，除采用难被钢液浸润的耐火材料外，还应与透气砖狭缝厚度大小和熔池深度有相应的关系。熔池浅些，狭缝厚度可以大些；反之，应当小些。狭缝厚度一般以控制在0.15mm左右为宜。对于黏度较低的钢种来说，若熔池较深，狭缝厚度一般小于0.15mm。当狭缝厚度大于0.2mm时，钢液容易渗入，使狭缝堵塞；狭缝小于0.1mm时，沿程压损较大，吹气量明显减小，搅拌力减弱，达不到二次精炼的效果。因此，狭缝厚度δ需要选择一个合适的值。

B　狭缝宽度

由式（3-11）可知狭缝宽度B也是一个较重要的参数，狭缝宽度过小，透气量难以满足冶金要求，流量损失较大。

当$B/\delta=10$时，$C=0.94$，这说明流量仅仅比计算时降低6%。对矩形缝隙（$B/\delta=1$时），其流量仅为按式（3-11）计算出的42%。因此一般认为，当缝隙的$B/\delta>10$时，就可按式（3-11）计算而忽略缝隙两端边界的影响。

根据冶金要求的透气量进行计算，底吹喷粉系统试验选用的透气砖狭缝的宽度为14mm，远远大于狭缝厚度0.15mm，约为其100倍。因此，完全可以按照平面流进行处理。

为了保证钢液搅拌强度，可通过增加透气砖狭缝宽度和狭缝条数来解决。欲减少透气砖的损耗，避免由于狭缝太密集形成大气泡，往往需要增大透气砖热面直径，从而为增加透气砖狭缝宽度创造了条件。

C　狭缝长度

在确定狭缝长度时，要综合考虑粉体颗粒在透气砖内的加速段长度、侵蚀速度、钢包大小等诸多因素的影响。但应尽量缩短透气砖长度L，以减少沿程压损。

加速段长度：底吹喷粉用粉剂粒径在0.048mm以下（300目以下），加速段长度一般不超过160~250mm，而狭缝长度一般超过160~250mm。

侵蚀速度：喷粉对狭缝厚度影响较大，而对狭缝长度的影响较小。因此，沿用搅拌用透气砖熔侵蚀度近似来判定是可行的。透气砖的侵蚀速度平均为5mm/次。根据资料介绍，设残砖长度为100mm时停用，用侵蚀量除以侵蚀速度，所得到的次数就是透气砖的预测寿命。

透气砖长度受钢包大小、侵蚀时间、钢包底耐材厚度等诸多因素影响，应综合考虑。

D 狭缝布置形式及狭缝数量

根据使用钢包透气砖的经验，狭缝采用环形布置较好。如图3-12所示。靠近工作面中心气流量相对比较集中，穿透深度较大。这可免除在工作面上形成的气带形状不稳定，减少堵塞现象，提高冶金效果和砖的寿命。另外，由于狭缝射流较之圆截面轴对称射流能力强。这是由于在平面平行射流中，其中心速度的衰减与距离的平方根成反比，而在圆截面轴对称射流中，中心速度的衰减却与距离成反比。因此，欲使脱硫粉剂进入钢液就须具有较大的射流能力。

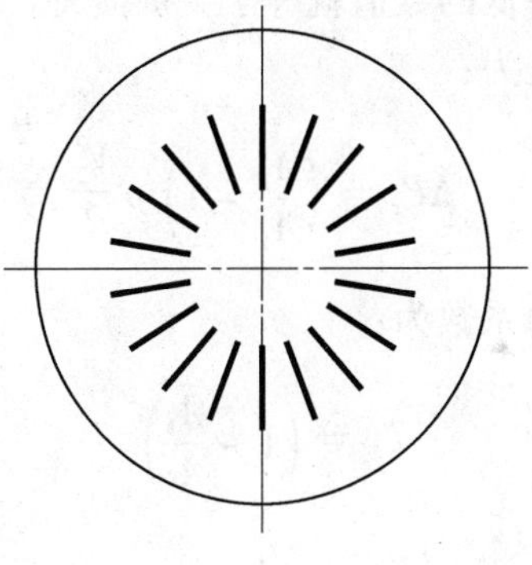

图3-12 透气砖狭缝环形布置

狭缝数量取决于透气砖的透气量、粉剂输送速度、粉气比等。底吹喷粉系统试验选用的透气砖狭缝为0.15mm×14mm，狭缝条数为12~18条。

3.3.3.2 透气砖气室

A 气体搅拌用透气砖气室

气体搅拌用透气砖气室结构见图3-13。

搅拌用透气砖气室属于管径突然扩大（突扩）类型。当气流突然从小断面 A_1 扩大到断面 A_2 时，由于流线不能折断，故在扩大处的三角形地带形成充满旋涡的死区。这里的流体不参与主流，而自成一

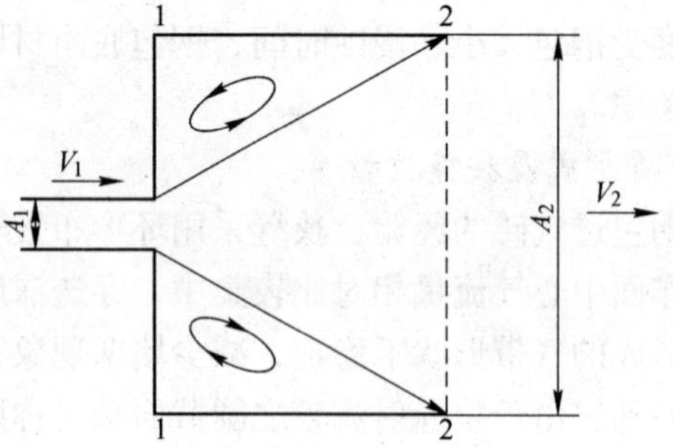

图 3-13　气体搅拌用透气砖气室

种闭路的回转运动。此时，将产生相当大的压力损失，也就是流动的总压头降低了，其降低的数值就等于突扩损失。

突扩的压力损失为：

$$\Delta P_{\mathrm{r}} = \left(\frac{A_2}{A_1} - 1\right)^2 \rho \frac{V_2^2}{2} \tag{3-12}$$

突扩的局部阻力系数为：

$$\xi_1 = \left(1 - \frac{A_1}{A_2}\right)^2 \tag{3-13}$$

$$\xi_2 = \left(\frac{A_2}{A_1} - 1\right)^2 \tag{3-14}$$

B　喷粉型透气砖气室

为了利于粉剂的喷入，减少突扩造成的阻力损失，底吹喷粉系统采用的透气砖气室结构如图 3-14 所示。

在钢包精炼工序，透气砖气室具有蓄气作用。用来喷粉，则要求除了具有蓄气功能外，还要减少阻力损失，防止粉剂沉降，因此底喷粉各个环节都要强调减少阻力损失。气粉两相流以 V_1 的速度进入气室，有较大惯性力的颗粒撞击到透气砖冷面端被分离沉积下来（假设不发生反弹），中型颗粒可进入涡流被卷上来，悬浮起来，小颗粒则随着气流进入狭缝中。

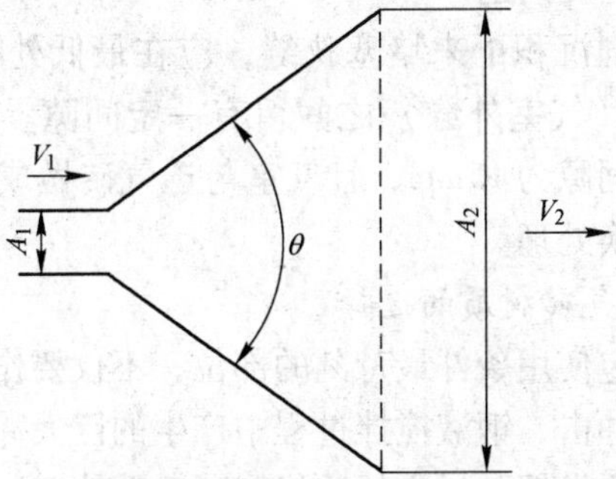

图 3-14 喷粉用透气砖气室

为保证气室横断面上气流分布均匀，将进气管设计成渐扩管型。为防止粉料堆积，根据计算，扩散角 θ 应小于60°。为了防止粉剂沉降，气体在气室的流速一般为0.1～0.3 m/s，要大于粉剂的沉降速度。根据计算，粒径在0.048mm以下（300目以下）粉剂（石灰粉剂、电石粉剂）的沉降速度小于0.1m/s。气室长度选用100 mm，气室与透气砖采用法兰连接，如图3-15所示。

图 3-15 透气砖气室

对气体而言，当扩散角 θ 大约为65°时，其能量损失最小。通常，只有当 $\theta>8°$时，流动才有可能与壁面分离形成漩涡区，造成明显的能量损失。因此，要视工艺、材料、设备等诸多不同因素，综合

考虑扩散角 θ 的选择问题。

为了防止粉剂沉积下来堵塞狭缝，应在最低处（最外缘）的狭缝与透气砖底部（气室外缘）之间留有一定间隙。底吹喷粉系统喷粉型透气砖选用间隙为15mm，且气室与透气砖做成可拆卸式的，堵塞时便于拆卸更换处理。

3.3.3.3 透气砖材质的选择

透气砖是钢包使用条件最苛刻的部位，不仅要作为结构材料承受使用过程中的热冲击、钢液搅拌过程中产生的巨大冲刷蚀损以及高温熔渣的侵蚀，还要发挥赋予它的透气和喷粉功能。这就要求它在高温状态下使用时具有良好的体积稳定性，确保通道的形状不发生大的变化。目前，国内广泛使用的是浇注成型、高温烧成的狭缝型透气砖，提高钢包底吹效果必须综合考虑提高透气砖的热震性、抗冲刷和抗渗透性。

透气砖的材质主要有烧结镁质、镁铬质、高铝质和刚玉质等。典型透气砖的理化性能和材质如表3-2所示。

由于用于喷粉透气砖要求具有更高的耐磨性，加之刚玉质应用较广泛，因此，底吹喷粉系统的透气砖选用刚玉质。其理化指标见表3-3。

表3-3 透气砖理化指标

项 目	指 标
$w(Al_2O_3)$/%	≥92
体积密度(110℃×24h)/$g \cdot cm^{-3}$	≥3.2
常温抗压强度(110℃×24h)/MPa	≥60
高温抗压强度(1500℃×3h)/MPa	≥95
常温抗折强度(110℃×24h)/MPa	≥12
高温抗折强度(1500℃×3h)/MPa	≥15

3.3.4 底喷粉透气砖耐磨性能

3.3.4.1 底喷粉透气砖耐磨性能检测实验平台及试样的制备

底喷粉透气砖耐磨性能检测实验平台见图3-16。为了比较气粉两相流通过透气砖狭缝对其的磨损情况，检测前首先将其中一条狭缝用密封胶封堵，并将此狭缝作为原始样操作进行透气砖耐磨性检测实验。检测时的主要喷吹参数如下：

（1）喷吹粉剂：钝化石灰粉；

（2）喷吹压力：0.3MPa；

（3）喷粉量：约5kg/min；

（4）粉气比：约10；

（5）喷粉时间：60min。

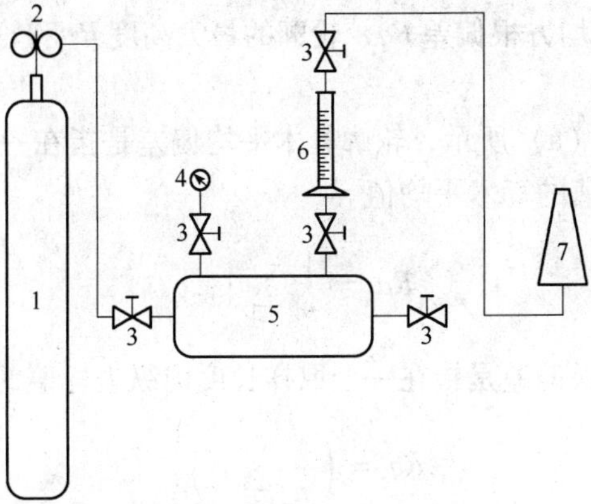

图3-16　测试系统示意图

1—压缩氩气源；2—减压表；3—阀门；4—压力表；
5—缓冲罐；6—流量计；7—透气砖

实验完毕后，将透气砖外面的铁皮用钢锯切开，用金刚石锯将透气砖耐材沿狭缝方向切割。用密封胶封堵的狭缝，由于没有气体相对运动，可以认为没有磨损，作为原始样，相对的壁面计为*A*、*B*；在气粉两相流通过透气砖的狭缝，得到气粉两相流对透气砖狭缝磨损的两个面*C*、*D*。

3.3.4.2　磨蚀性能的检测

采用TR210手持式粗糙度仪对狭缝壁面进行检测。测量工件表面粗糙度时，传感器放在工件表面上，由仪器内部的驱动机构带动传感器沿被测表面做等速滑行，传感器通过内置的锐利触针感受被测表面的粗糙度，此时工件被测表面的粗糙度引起触针产生位移，该位移使传感器电感量发生变化，从而在相敏整流器的输出端产生与被测表面粗糙度成比例的模拟信号，该信号经过放大及电平转换之后进入数据采集系统，DSP 芯片将采集的数据进行数字滤波和参数计算，测量结果在液晶显示器上读出。

3.3.4.3　检测结果与分析

根据 GB/T 3505—2000《产品几何技术规范　表面结构　轮廓法表面结构的术语、定义及参数》，表征粗糙度的参数有轮廓算术平均偏差 Ra、轮廓均方根偏差 Rq、轮廓的最大高度 Rz 和轮廓峰谷总高度 Rt。

如图 3-17（a）所示，轮廓算术平均偏差是指在一个取样长度内纵坐标值绝对值的算术平均值

$$Ra = \frac{1}{n}\sum_{i=1}^{n}|y_i|$$

轮廓均方根偏差是指在一个取样长度内纵坐标值的均方根值

$$Rq = \left(\frac{1}{n}\sum_{i=1}^{n}y_i^2\right)^{\frac{1}{2}}$$

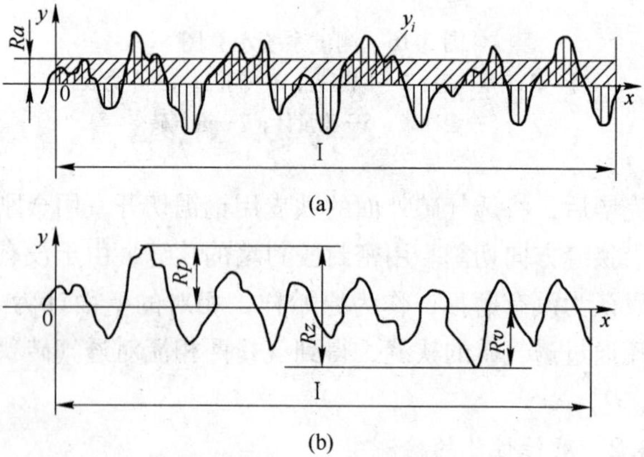

图 3-17　粗糙度的定义

（a）算术平均偏差 Ra；（b）轮廓的最大高度 Rz

轮廓的最大高度是指在一个取样长度内最大轮廓峰 *Rp* 和最大轮廓谷 *Rv* 之和的高度，如图 3-17（b）所示；轮廓峰谷总高度是指在评定长度内最大轮廓峰高和最大轮廓谷深之和。

测试结果见表 3-4、表 3-5。

表 3-4 磨损前粗糙度检测结果

参数		*Ra*	*Rz*	*Rq*	*Rt*
A 面	1	1.334	7.104	1.678	13.06
	2	1.431	8.464	1.845	12.30
	3	1.452	8.932	1.905	12.30
B 面	4	0.801	4.952	0.999	9.020
	5	1.140	6.284	1.412	9.000
	6	1.705	10.95	2.244	17.58
算术平均值		1.3105	7.781	1.6805	12.21

表 3-5 磨损后粗糙度检测结果

参数		*Ra*	*Rz*	*Rq*	*Rt*
C 面	1	1.003	5.988	1.270	8.600
	2	0.994	6.844	1.343	12.12
	3	0.933	6.380	1.220	9.160
D 面	4	0.822	5.164	1.123	14.58
	5	1.445	11.43	2.045	18.87
	6	1.213	6.732	1.547	9.260
算术平均值		1.0683	7.0897	1.4247	12.0983

对比表 3-4 和表 3-5 的检测结果可以发现，实验条件下，狭缝表面的粗糙度在磨损前后发生了一些变化，但仍可以与透气砖在工业场合实际使用寿命基本相匹配，不致造成严重的安全问题。

4　底喷粉透气砖内粉气流动与射流

狭缝型透气砖作为底喷粉新工艺的重要功能元件，对喷粉工艺的顺利实施、保证钢的质量意义重大。本章从实验和数值计算，对狭缝型透气砖内气体流动状态、气流阻力系数、气流速度分布规律及阻力、可压缩状态下出口速度和气粉两相流流动规律进行较深入的研究，寻求透气砖内气体流动规律、气粉两相流在透气砖狭缝内的速度和浓度分布、狭缝型透气砖射流的特性等。

4.1　气体在透气砖内流动

4.1.1　狭缝型透气砖内气体流动

气体在不同流动状态下，其沿程损失是不一样的，透气砖内存在着能量损失，目前尚未有气体在透气砖流态判定标准的报道。

流体在不同几何特征的空间流动，具有不同的临界雷诺数。由于狭缝型透气砖结构的特殊性，很难通过像雷诺实验那样进行直观判定。通过热线风速仪检测出透气砖出口时均速度和湍流度，从而获得透气砖流态的判定标准。

4.1.1.1　实验装置与方法

实验采用的狭缝型透气砖如图 4-1（a）为透气砖解剖图，图 4-1（b）为透气砖的结构图，其外形尺寸为 ϕ87mm（ϕ57mm）×160mm，狭缝尺寸为 0.15mm×14mm×160mm，狭缝隙呈圆周对称布置，大小、间距相同，共 18 条狭缝。

测试仪器采用热线风速仪，其工作原理：用在 IFA100 中的探头上，有一个敏感的电阻元件，它被仪器本身所加热，并且控制在一个较高的温度上，流体流过被加热的敏感元件时产生冷却效应，通过测量在敏感元件中消耗的电能的总量而推算出流体的流速。热线风速仪具有惯性小、频率响应宽、灵敏度高、对流场干扰小等优点。

热线风速仪由热线探头、坐标架、位移控制器、测试系统组成。

(a)

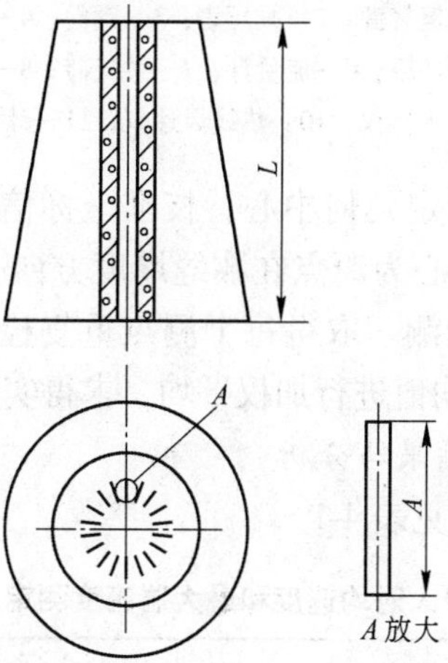

(b)

图 4-1 狭缝型透气砖

(a) 解剖图；(b) 结构图

数据采集后，经计算机处理给出结果。实验使用的热线热膜风速仪为美国 TSI 公司生产的 IFA100-4 智能型，自动进行扫描检测时均流速和湍流度分布。实验系统如图 4-2 所示。

测试选用两条有代表性的狭缝。测试用气采用氮气，其气体压力可调，按 0.1MPa、0.2MPa、0.3MPa、0.4MPa、0.5MPa、0.6MPa 等几种压力情况进行测试。在恒定压力时，系统阻力特性基本不变。测

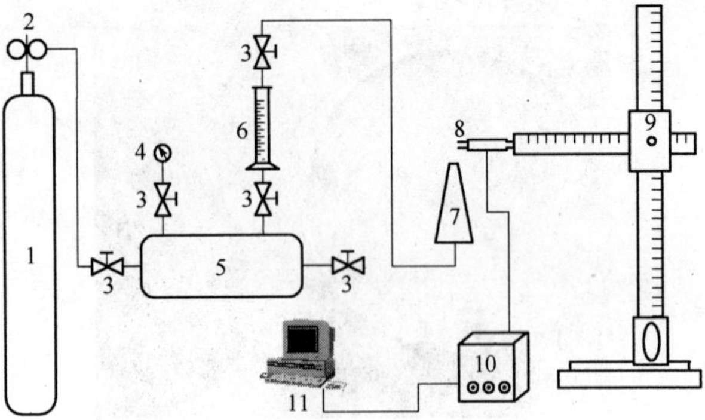

图 4-2　测试系统示意图

1—压缩氩气源；2—减压表；3—阀门；4—压力表；
5—缓冲罐；6—流量计；7—透气砖；8—探针；
9—坐标仪；10—热线风速仪；11—计算机

试前用最大速度点标定几何中心，校准坐标信号与喷口截面的垂直度，以标定的几何中心为原点在狭缝厚度方向上等分10点，紧贴狭缝出口截面上扫描检测。取得每个测点重复检测的平均值为最终结果。再将10点的平均值进行加权平均，求得实测速度。

4.1.1.2　实验结果与分析

测试及计算结果见表4-1。

表 4-1　最大时均速度和最大湍流度测定及计算结果

实测压差 /MPa	实测流量 $/m^3 \cdot h^{-1}$	计算平均速度 $/m \cdot s^{-1}$	实测最大时均速度 $/m \cdot s^{-1}$	实测平均速度 $/m \cdot s^{-1}$	实测最大湍流度 /%	折算平均时均速度（按层流） $/m \cdot s^{-1}$
0.1	4.3	31.5	46.2	30.3	0.6	30.8
0.2	6.9	50.7	74.6	48.9	0.7	49.7
0.3	8.5	62.3	91.4	61.8	0.83	60.9
0.4	9.9	72.8	108.3	71.6	0.91	72.2
0.5	11.7	86.3	129.9	85.0	1.11	86.6
0.6	13.5	98.8	144.8	103.3	1.45	96.5
0.7	15.7	111.9	157.4	119.7	1.72	104.9

由于热丝与透气砖出口非常近，可以认为处在势流核心区，该处的气流速度可以认为就是狭缝的出口初速度，与狭缝内气流速度基本一致。根据实测的平均时均速度（层流时，实测最大时均速度为折算平均速度的1.5倍）、狭缝尺度、流体的黏度便可求出雷诺数。

从图4-3可以看出，在压差不大于0.5MPa时，湍流度变化平缓，只是出现微弱的速度脉动，实测平均速度与折算平均速度已基本相等，相差不足2%。在压差等于0.6MPa时，速度值发生较大的变化，其大小和方向有着偶然性，即对某一给定点，其值时大时小，方向不断变化，出现比较明显的速度脉动。实测平均速度与折算平均速度相差较大（约4%），进一步说明与层流相差较远，属于过渡流。当压差等于0.7MPa时，速度脉动非常明显，实测平均速度与折算平均速度相差很大（约7%）。这说明气流已从层流转变成湍流。湍流强度是表征气流的“湍流”程度，此值越大，表明气流的脉动程度越高。可以近似判定：小于0.5MPa下为层流状态；0.6MPa压差下可以认为是过渡态；在0.7MPa压差下为湍流状态。根据上述检测结果，可以推为狭缝型透气砖临界雷诺数值 Re_k 小于临界值，可以判定为层流，大于临界值，可以判定为湍流。

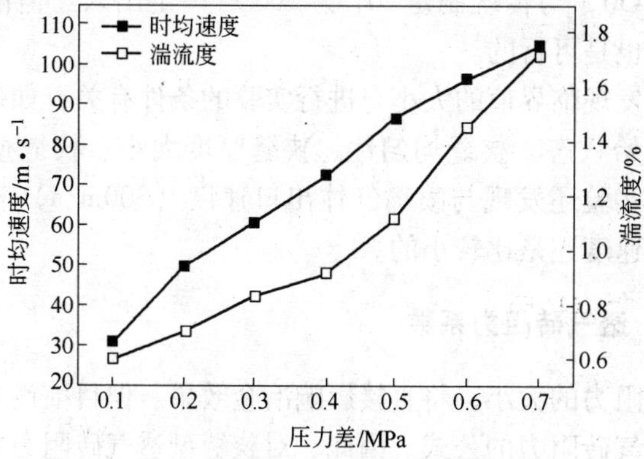

图4-3 时均速度及湍流度与压力差的关系

雷诺数 Re 为：

$$Re = \frac{\bar{v}R}{\nu} \tag{4-1}$$

式中　R——水力半径；

$\bar{v}$——实测平均速度。

$$R = \frac{B\delta}{2(B+\delta)} = \frac{\delta}{2}(B \gg \delta) \tag{4-2}$$

因而得：

$$Re = \frac{\bar{v}\delta}{2\nu} \tag{4-3}$$

将 $\delta = 1.5 \times 10^{-4}\text{m}$，$\nu = 1.46 \times 10^{-5}\text{m}^2/\text{s}$ 代入，计算结果见表4-2。

表4-2　流动状态与雷诺数关系

实测压力差/MPa	实测雷诺数	流动状态
0.1	155.7	层　流
0.2	251.3	层　流
0.3	317.6	层　流
0.4	367.8	层　流
0.5	436.8	层　流
0.6	530.8	过渡态
0.7	615	湍　流

Re_k 为450，与传统制定 Re_k 为500有一定出入。但沿用后者作为判定标准也是可行的。

实验还发现临界值的大小与进行实验的条件有关，如进入透气砖时流体的起始状态、狭缝均匀性、狭缝厚度大小、狭缝壁的粗糙度等。另外，实验还发现与喷嘴气体出口速度（300m/s）相比，透气砖气体出口速度还是比较小的。

4.1.2　透气砖阻力系数

透气砖阻力的大小，将直接影响冶金效果。但目前尚未有报道直接计算出透气砖阻力的公式。因此，对狭缝型透气砖阻力系数的进一步探讨，无疑具有重要的意义。

由于狭缝型透气砖结构的特殊性，阻力系数很难直接测试获得。通过对透气砖两端的压差及出口速度的实验研究，可近似得出透气砖的阻力系数。

4.1.2.1 实验

实验用透气砖为狭缝型，其结构尺寸为 ϕ87mm（ϕ57mm）× 250mm，狭缝尺寸为 0.15mm × 14mm × 250mm，狭缝呈圆周对称布置，大小、间距相同，狭缝数量共 18 条，设狭缝长度即透气砖长度为 L，宽度为 B，狭缝厚度为 δ，如图 4-4 所示。测试用气采用氩气，其气体压力可调，测试仪器采用美国 TSI 公司生产的 IFA-100 热丝风速仪，测试系统由压缩氩气源、减压表、阀门、压力表、缓冲罐、流量计、透气砖、探针、坐标仪、热线风速仪、计算机等组成。

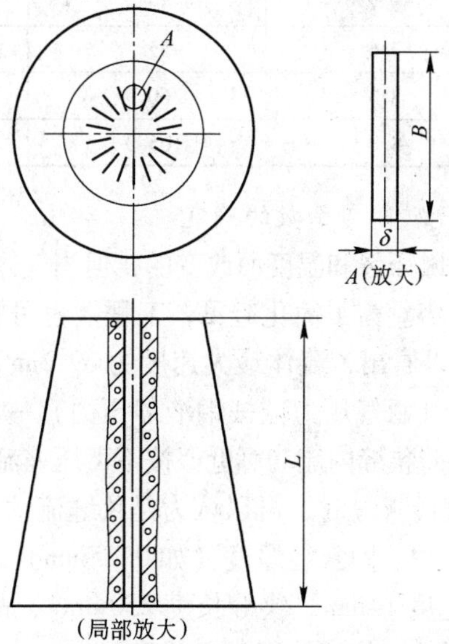

图 4-4 透气砖示意图

由于热线探针的性能与流体的温度、密度、黏度等参数及流体的污染情况、速度范围等外部条件等因素有关，因此在实验之前应首先对热线风速仪进行校正。其次，用直角尺标定坐标仪与透气砖轴线的垂直度，通过肉眼选取两条有代表性的规则狭缝，并沿狭缝长度方向标定狭缝前、中、后三点位置。测试时将探针尽可能靠近透气砖端面，探针对狭缝标定三点进行扫描，经扫描找出速度最大点再按层流折算出平均速度，在每一个采样点测试两个速度取平均值，再求速度总平均值。

由于距离较近，缓冲罐内气体压力可近似认为是透气砖进口压力。测试及计算结果见表4-3。

表4-3 测试及计算结果

实测压差 /MPa	实测总流量 $/m^3 \cdot h^{-1}$	计算平均速度 $/m \cdot s^{-1}$	实测平均出口速度（折算）$/m \cdot s^{-1}$
0.10	4.2	30.8	29.5
0.15	5.7	41.8	39.1
0.20	6.7	49.2	48.5
0.25	7.6	55.7	55.6
0.30	8.3	60.9	62.1
0.35	8.9	65.3	69.2

4.1.2.2 透气砖阻力系数的确定

气体的密度是随压强和温度而改变的，但当气体的速度小于70m/s时，其密度变化很小。为了简化起见，工程上也可将其视为不可压缩流体。从表4-3可以看出，流体最大速度为69.2m/s。在生产实践中，正常吹氩的压力差（氩气压力减去钢液静压力）一般不大于0.3MPa。因此，气体在透气砖狭缝内流动可近似按不可压缩流体处理。

气体通过透气砖狭缝时，可以认为是狭缝流动，即气体在压差流作用下所产生的流动。因狭缝厚度（如0.15mm）远远小于狭缝的横向尺寸（如狭缝宽度14mm，狭缝长度250mm），故可忽略端部效应即流体进出口的影响，将流体视为充分发展。

在透气砖进出口取两个断面，由于透气砖狭缝大小一般相同，流向相同，因此可选取其中一条狭缝作为代表。如图4-5所示。由于透气砖的气室断面远远大于狭缝断面，可以近似认为气室内气体流速为零。

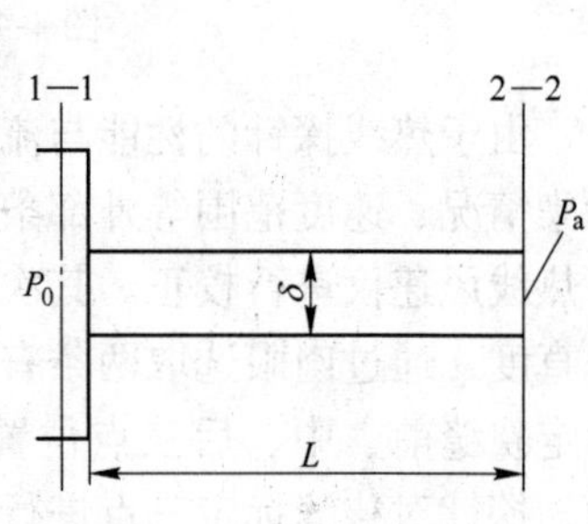

图4-5 透气砖进出口示意图

A 管径突然缩小

管径突然从大变小，也将形成显

著的能量损失。这是由于流股由气室在进入狭缝时先形成收缩，然后又重新扩大的缘故。这样在收缩断面的周围，便形成充满旋涡的区域。流股收缩程度越大，能量消耗也就越多。突然收缩的阻力系数，通常由式（4-4）确定：

$$\xi = 0.5\left(1 - \frac{A_2}{A_1}\right) \tag{4-4}$$

式中 A_1——大管道断面面积；

A_2——小管道断面面积。

如果管道是逐渐均匀收缩，那么旋涡区就要相应减小，能量损失便可大为降低。实验资料证明：当收缩圆锥角 $\theta < 5°$ 时，阻力系数 ξ 约等于0.005～0.09；当 $7° < \theta < 30°$ 时，$\xi = 0.16 \sim 0.24$。

事实上，管道逐渐均匀收缩，不仅会产生较少的能量损失，而且还会增加断面流速分布的均匀性。但由于狭缝成型工艺的原因，目前还难以做到狭缝逐渐均匀收缩。

B 入口损失

当流体从气室流进狭缝时，将产生入口压强损失。其阻力系数决定于狭缝与气室的连接形式。对于直角入口，$\xi = 0.5$；圆角入口，ξ 随 r/d 的改变而变化，其具体系数值见表4-4；狭缝入口处有倒角，$\xi = 0.25$；狭缝伸入气室内部的入口，ξ 的值与伸进的长度和管壁厚度有关。从狭缝制作工艺角度来说，目前还仍然只能采用直角入口形式。

表4-4 圆角入口阻力系数随（r/d）变化值

r/d	0	0.01	0.02	0.04	0.06	0.08	0.12	0.16	0.20
ξ	0.50	0.43	0.36	0.26	0.20	0.15	0.09	0.06	0.03

C 狭缝

透气砖经历由气室突然变小（变成狭缝）的断面变化，其局部阻力系数近似为0.5，压损为 $0.5v_a^2\rho/2$，（可近似认为透气砖气体实测出口速度为透气砖狭缝入口速度）。层流时动能修正系数 $\alpha = 2$，湍流时动能修正系数 $\alpha = 1$，工程上动能修正系数可近似取1。

根据伯努利方程（Bernoulli equation）可得：

$$\frac{P_0}{\rho}=\frac{P_a}{\rho}+\frac{v_a^2}{2}+\frac{1}{2}\frac{v_a^2}{2}+\lambda\frac{L}{D}\frac{\bar{v}^2}{2} \tag{4-5}$$

$$P_0-P_a=\frac{3v_a^2}{4}\rho+\lambda\frac{L}{D}\frac{\bar{v}^2}{2}\rho \tag{4-6}$$

$$\Delta P=\frac{3v_a^2}{4}\rho+\lambda\frac{L}{D}\frac{\bar{v}^2}{2}\rho \tag{4-7}$$

式中　P_0——气体在透气砖进口压力；

P_a——气体在透气砖出口压力；

λ——沿程阻力系数；

v_a——气体在透气砖实测出口速度；

$\bar{v}$——气体在透气砖内平均速度；

D——狭缝水力直径；

ρ——氩气在一定压力下的密度。

雷诺数 Re 为：

$$Re=\frac{\bar{v}D}{\nu} \tag{4-8}$$

式中　D——水力直径，其值为：

$$D=\frac{4B\delta}{2(B+\delta)}=2\delta\qquad(B\gg\delta) \tag{4-9}$$

因而得：

$$Re=\frac{2\bar{v}\delta}{\nu} \tag{4-10}$$

式中　ν——气体运动黏度；

δ——透气砖狭缝厚度；

$\bar{v}$——气体在透气砖内平均速度。

$\bar{v}$ 的值由测得的气体流量、狭缝尺寸、狭缝数便可求出。已知氩气在 101325Pa（一个大气压）下的密度约为 1.62kg/m^3，便可求出在不同绝对压力下的密度。由于气体压力在狭缝入口端有较大不同，气体密度大小沿狭缝流动方向是递减的。因此，如压力差较大时，其密度取其平均值。将相关参数 $\delta=0.00015$m，$L=0.250$m，$\nu=1.40\times10^{-5}$m^2/s 代入式(4-5)～式(4-8)，得出气体通过透气砖时阻力系数与雷诺数的关系，见表4-5和图4-6。

表4-5 气体通过透气砖时的雷诺数与阻力系数

实测压差 ΔP/MPa	Re	$\lg Re$	λ	$\lg(100\lambda)$
0.10	660	2.82	0.0764	0.883
0.15	895	2.95	0.0493	0.693
0.20	1054	3.02	0.0391	0.592
0.25	1194	3.08	0.0323	0.509
0.30	1304	3.12	0.0281	0.449
0.35	1398	3.15	0.0250	0.398

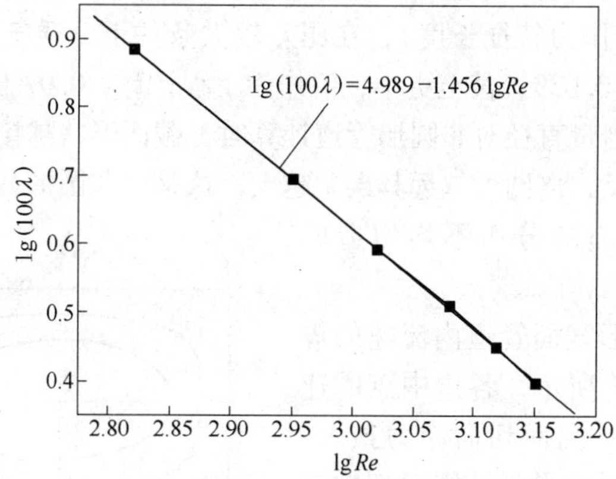

图4-6 透气砖阻力系数与雷诺数关系

从表4-5、图4-6可以看出，透气砖进出口压差越大，雷诺数越大，阻力系数就越小，回归曲线为 $\lg(100\lambda)=4.989-1.456\lg Re$，近似为 $\lambda=44/Re$。这与尼古拉兹人工均匀粗糙管实验曲线层流区的 $\lambda=64/Re$ 基本吻合。表明在层流时，阻力系数（λ）与相对粗糙度（ε/d）及透气砖的材质无关，只是雷诺数的函数，沿程阻力损失与出口速度的平方成正比。另外，这也与平面狭缝流动 $\lambda=24/Re$ 基本吻合。由于雷诺数选用不同的特征长度，其值是不同的，阻力系数值也是不同的，相互间在量上是没有可比性的。计算时特别要注意这一点。

通过实验发现，气体流量测量误差较大。这是因为透气砖狭缝断面不均匀性所致。通过热线风速仪测出的透气砖出口速度与透气砖出口实际速度，尚有一定的差距。原因是热线探针与透气砖出口尚有一定的距离（透气砖表面不平整），有可能超过射流起始段（流动发展区）长度，进入过渡段或基本段，射流速度已经降低。由于流场的干扰导致传感器产生测量误差，透气砖进出口断面形状不同，气体在透气砖内密度发生变化，气体在狭缝出口处断面突然变大引起的压损，压强对气体黏度的影响等因素，得出的阻力系数较之实际有一定偏差（偏小），应进行修正。从表 4-3 可以看出，透气砖平均速度与测出的出口速度相差不大，故从式（4-7）则可近似计算出气体在透气砖内压损大小，加之气体在管道内压损，从而可近似确定透气砖气体进口压力。从表 4-5 也可以看出，透气砖阻力系数可近似取 0.07（以水力直径作为特征长度），在压差较大条件下，透气砖阻力系数只有 0.025 ~0.039，甚至更小，但作为工程计算，0.07 仍然适用。

当应用当量直径对非圆形管道计算时，截面形状越接近圆形其误差越小。相反，离圆形越远其误差越大。这是由非圆形截面的切向应力沿固体壁面的分布不均匀造成的。

例如矩形截面管道内流速的等速线如图 4-7 所示，各边中点的速度梯度最高，因而切向应力最大；角上的速度梯度最低，因而切向应力最小。所以，在应用当量直径进行计算时，矩形截面的长边最大不应超过短边的 8 倍。

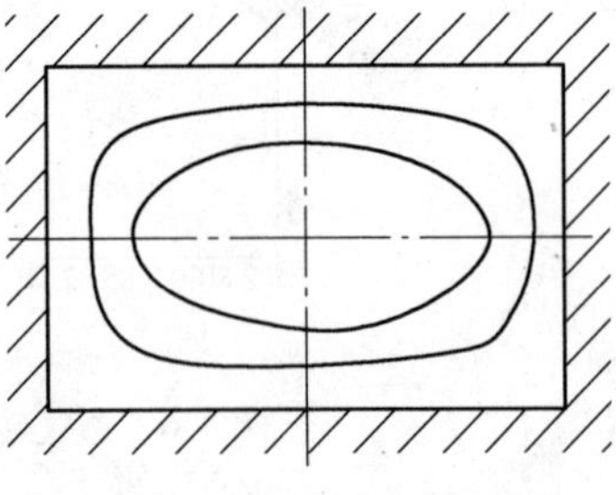

图 4-7　矩形截面管道的等速线

由于层流的流速分布不同于湍流，流动阻力不像湍流那样集中在管壁附近，这样单纯用湿周大小作为影响能量损失的主要外因是不充分的。因此，在层流中应用当量直径 de 计算，将会造成较大的误差。对湍流而言，上式的计算结果与实测的误差一般为 2% 左右。但对于层流，因壁面切应力周边变化较大，误差可能达到 20% 以上。因此，层流时不宜采用当量直径的概念，但针对狭缝厚度尺寸相差不大时，可仍采用当量直径计算，相对误差不是很大。

4.1.3 气流速度分布规律及阻力

透气砖气流速度及阻力大小，直接影响冶金效果。目前，尚未有用公式直接计算出透气砖阻力的报道。可通过对狭缝型透气砖内气流速度分布规律及阻力研究，寻找并提出合理设计透气砖的方法。

4.1.3.1 数学模型的建立

气体通过透气砖狭缝时，可以认为狭缝流动，即气体在压差流作用下所产生的流动。因狭缝厚度（如0.15mm）远远小于狭缝的横向尺寸（如狭缝宽度14mm，狭缝长度250mm甚至更大），将流体视为充分发展，可以忽略端部效应即流体进出口的影响。由于狭缝的水力半径很小，供气压力一般不高，故雷诺数较小，所以流动一般处于层流范围。由于透气砖狭缝大小一般相同，流向相同，因此可选取其中一条狭缝作为代表。设狭缝长度即透气砖长度为 L，宽度为 B，狭缝（可以看做是气孔）厚度为 δ。透气砖进气压力为 P_1，出口压力为 P_2，气流速度为 v，气体运动黏度为 ν，气体动力黏度为 μ，气体密度为 ρ，沿程阻力系数为 λ，雷诺数为 Re，取如图4-8所示坐标。

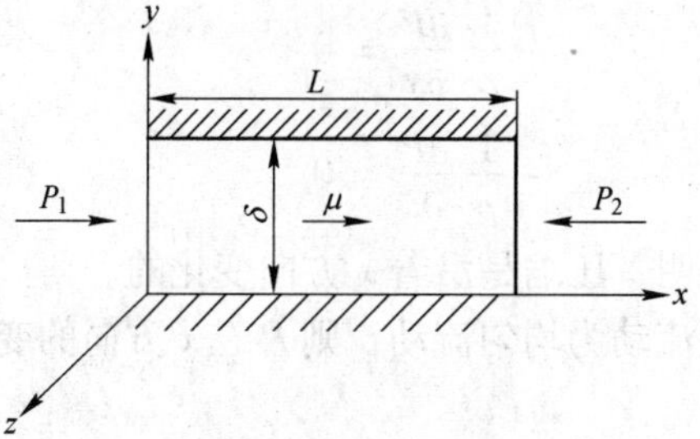

图4-8 平面缝隙流动

根据黏性流体的运动微分方程（Navier-Stokes方程）：

$$\left.\begin{aligned} X-\frac{1}{\rho}\frac{\partial P}{\partial x}+\nu\nabla^2u_x+\frac{\nu}{3}\frac{\partial}{\partial x}\mathrm{div}\,\vec{u}&=\frac{\mathrm{d}u_x}{\mathrm{d}t}\\ Y-\frac{1}{\rho}\frac{\partial P}{\partial y}+\nu\nabla^2v_y+\frac{\nu}{3}\frac{\partial}{\partial y}\mathrm{div}\,\vec{u}&=\frac{\mathrm{d}u_y}{\mathrm{d}t}\\ Z-\frac{1}{\rho}\frac{\partial P}{\partial z}+\nu\nabla^2u_z+\frac{\nu}{3}\frac{\partial}{\partial z}\mathrm{div}\,\vec{u}&=\frac{\mathrm{d}u_z}{\mathrm{d}t} \end{aligned}\right\} \tag{4-11}$$

对于不可压缩流体：

$$\left.\begin{aligned} X-\frac{1}{\rho}\frac{\partial P}{\partial x}+\nu\nabla^2 u_x &= \frac{\mathrm{d}u_x}{\mathrm{d}t}\\ Y-\frac{1}{\rho}\frac{\partial P}{\partial y}+\nu\nabla^2 u_y &= \frac{\mathrm{d}u_y}{\mathrm{d}t}\\ Z-\frac{1}{\rho}\frac{\partial P}{\partial z}+\nu\nabla^2 u_z &= \frac{\mathrm{d}u_z}{\mathrm{d}t} \end{aligned}\right\} \tag{4-12}$$

这个方程组是不可压缩流体的 N-S 方程。

流场中任一空间点的运动参数，不随时间改变的流动称为定常流。定常流即有：

$$\frac{\partial u_x}{\partial t}=\frac{\partial u_y}{\partial t}=\frac{\partial u_z}{\partial t}=\frac{\partial P}{\partial t}=0 \tag{4-13}$$

平面层流按所取坐标应有：$u_x=u=u_y$，$u_y=u_z=0$。

定常流动不可压缩流体连续方程，忽略质量力时，Navier-Stokes 方程可简化为：

$$\left.\begin{aligned} -\frac{1}{\rho}\frac{\partial P}{\partial x}+\nu\frac{\partial^2 u}{\partial y^2} &= 0\\ -\frac{1}{\rho}\frac{\partial P}{\partial y} &= 0\\ -\frac{1}{\rho}\frac{\partial P}{\partial z} &= 0 \end{aligned}\right\} \tag{4-14}$$

此方程组表明，压缩是沿着 x 方向变化的。

因平面缝隙流动为均匀流动，则 P 在 x 方向的变化应是均匀下降的，即有：

$$\frac{\partial P}{\partial x}=\frac{\mathrm{d}P}{\mathrm{d}x}=-\frac{\Delta P}{L}\quad(\Delta P=P_1-P_2) \tag{4-15}$$

对式（4-15）积分，并用于边界条件：$x=0$ 时，$P=P_1$，则有，

$$P=P_1-\frac{\Delta P}{L} \tag{4-16}$$

因此，压强沿流动方向呈线性变化，如图 4-9 所示。

气流速度 u 只是 y 的函数，则式（4-11）第一式可写成：

$$\frac{\partial^2 u}{\partial y^2}=\frac{1}{\mu}\frac{\mathrm{d}P}{\mathrm{d}x}=-\frac{\Delta P}{\mu L} \tag{4-17}$$

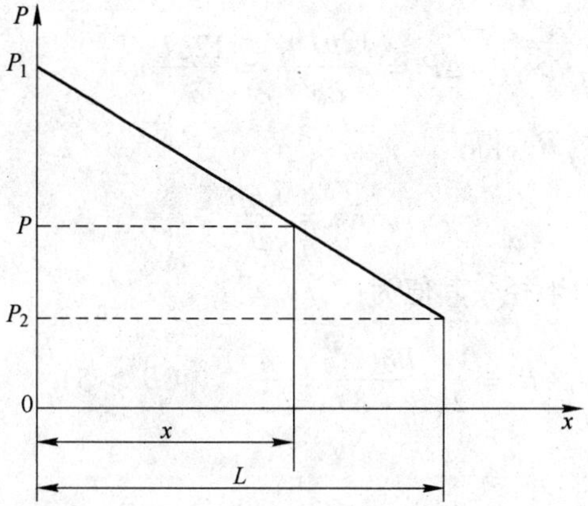

图 4-9 压强沿流动变化

将式（4-15）两次积分，得：

$$u = -\frac{\Delta P}{2\mu L}y^2 + c_1 y + c_2 \tag{4-18}$$

令 $y=0$，$u=0$，以及 $y=\delta$，$u=0$ 代入式（4-14）可得，$c_2=0$，$c_1=\frac{\Delta P}{2\mu L}\delta$。则有：

$$u = \frac{\Delta P}{2\mu L}(\delta - y)y \tag{4-19}$$

可见，气流速度按抛物线规律分布，其最大速度在 $y=\delta/2$ 处，即

$$u_m = \frac{\Delta P}{8\mu L}\delta^2 \tag{4-20}$$

气体流量：

$$q_v = \int_0^\delta B u \mathrm{d}y = \frac{B\Delta P\delta^3}{12\mu L} \tag{4-21}$$

平均流速：

$$\bar{u} = \frac{q_v}{B\delta} = \frac{\Delta P\delta^2}{12\mu L} = \frac{2}{3}u_m \tag{4-22}$$

沿程压损：

$$\Delta P = \frac{12\mu L q_{\mathrm{v}}}{B\delta^3} = \frac{12\mu L}{\delta^2}\bar{u} \tag{4-23}$$

引入雷诺数 Re，得：

$$Re = \frac{\bar{u}R\rho}{\mu} \tag{4-24}$$

式中，R 为水力半径，其值为：

$$R = \frac{B\delta}{2(B+\delta)} = \frac{\delta}{2} \quad (B \gg \delta) \tag{4-25}$$

因而，

$$Re = \frac{\bar{u}\delta\rho}{2\mu} \tag{4-26}$$

式（4-23）可以写成：

$$\Delta P = \lambda \frac{L}{\delta}\rho\frac{\bar{u}^2}{2} \tag{4-27}$$

式中，$\lambda = \dfrac{12}{Re}$。

上述是在假定狭缝为无限大这一前提下得出的。当狭缝宽度与狭缝厚度是同一数量级甚至等于狭缝厚度时，上述公式的误差就比较大了。这是由于当狭缝宽度较窄时。狭缝两端边界的摩擦力影响就不能忽略了。因此，就使流量比式（4-21）的计算值要小。此时流量计算应当为：

$$q_{\mathrm{v}} = \frac{B\delta^3\Delta p}{12\mu L}\left(1 - 0.62\frac{\delta}{B}\sum_{n=1}^{i}\frac{1}{n^5}\tan\frac{\pi nB}{2\delta}\right) = C\frac{B\delta^3\Delta p}{12\mu L} \tag{4-28}$$

一般 $n=1$ 就足够了。这里，

$$C = 1 - 0.62\frac{\delta}{B}\sum_{n=1}^{i}\frac{1}{n^5}\tan\frac{\pi nB}{2\delta} \tag{4-29}$$

C 是宽度为有限时长的修正系数。显然，$C = f(B/\delta)$，C 与 B/δ 的关系如图 4-10 所示。

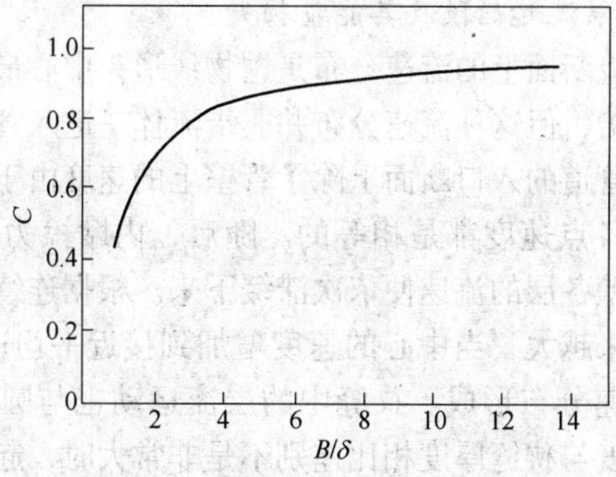

图 4-10 狭缝宽度有限的修正系数

由图 4-10 可见，当 $B/\delta = 10$ 时，$C = 0.94$，这说明流量仅比式（4-21）计算时降低 6%。因此，一般认为，当狭缝的 $B/\delta > 10$ 时，就可按式（4-21）计算而忽略狭缝两端边界的影响；而对于矩形狭缝（$B/\delta = 1$ 时），其流量仅为式（4-21）计算的 42%。

由于起始段的存在，阻力将比按式（4-23）算出来的要大。式（4-23）应修正为：

$$\Delta p = C_t \frac{12\mu L q_v}{B\delta^3} \tag{4-30}$$

式中，C_t为考虑起始段而引进的修正系数，C_t值可由图 4-11 查得。当 $L \gg L_t$时，$C_t \to 1$。

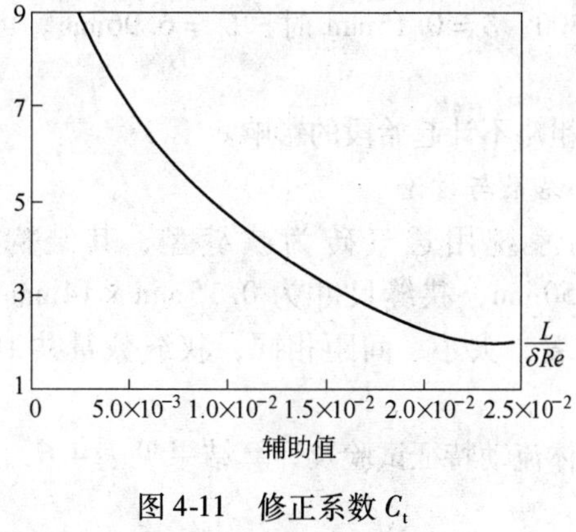

图 4-11 修正系数 C_t

4.1.3.2 层流起始段及其能量损失

管道中层流断面上的流速分布是抛物线形，中心最大速度是断面平均速度的2倍，但这种流速分布并非指流体一进入管道就会立即形成的。通常在管道的入口断面上除了管壁上的速度由于黏着作用突降为零外，其他各点速度都是相等的。随后，内摩擦力的影响逐渐扩大，而靠近管壁各层的流速便依次滞缓下来。根据连续性条件，管轴中心的速度越来越大，当中心的速度增加到接近平均速度的两倍时，抛物线形的流速分布形成。狭缝中的层流运动也与圆管层流运动类似，当狭缝长度与狭缝厚度相比差别不是非常大时，起始段也将起显著的影响。

从入口断面到抛物线形的流速分布形成断面之间的距离称为层流的起始段，以 L_t 表示。工程上常采用以下经验公式：

$$L_t = 0.028\delta Re \tag{4-31}$$

这里的 Re 是以狭缝的当量直径 D 来计算的，$D=4R$，水力学半径：

$$R = \frac{\delta B}{2(B+\delta)} \tag{4-32}$$

由于 $\delta \ll B$，故 $R=\delta/2$，所以

$$Re = \frac{\bar{u}D}{\nu} = \frac{2\bar{u}\delta}{\nu} = \frac{2q_v}{\nu B} \tag{4-33}$$

当 $Re=2300$，$\delta=0.15\text{mm}$ 时，$L_t=6.96\text{mm}$。可见 $L \gg L_t$（$L=250\text{mm}$）。

因此，可粗略不计起始段的影响。

4.1.3.3 结果与讨论

底吹喷粉系统用透气砖为狭缝型，其结构尺寸为 ϕ87mm（ϕ57mm）×250mm，狭缝尺寸为0.15mm×14mm×250mm，狭缝呈圆周对称布置，大小、间距相同，狭缝数量共18条。测试用气采用氩气。

透气砖气体流动特征试验及计算结果见表4-6，透气砖透气性能曲线见图4-12。

表 4-6 透气砖气体流动特征

实测压差 /MPa	实测总流量 /$m^3 \cdot h^{-1}$	平均速度 /$m \cdot s^{-1}$	雷诺数 *Re*	沿程压损 /MPa	局部阻力等损失/MPa
0.10	4.2	30.8	165	0.09	0.01
0.15	5.7	41.8	224	0.13	0.02
0.20	6.7	49.2	264	0.15	0.05
0.25	7.6	55.7	299	0.17	0.08
0.30	8.3	60.9	326	0.18	0.12
0.35	8.9	65.3	350	0.20	0.15
0.40	9.3	68.3	366	0.21	0.19

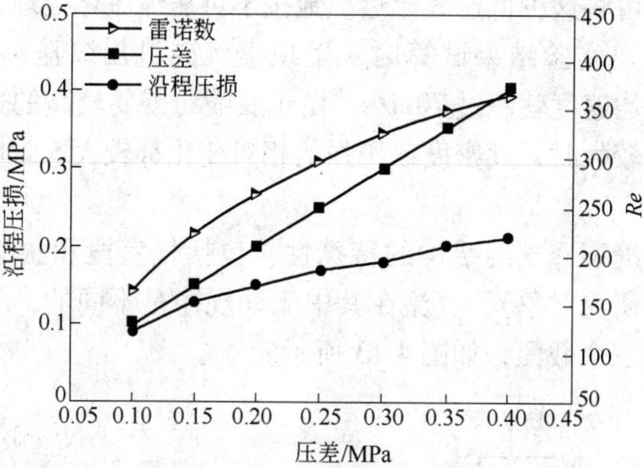

图 4-12 透气砖透气性能曲线

从表 4-6、图 4-12 可以得出，雷诺数最大为 366，小于临界雷诺数 500，说明氩气在透气砖内的流动仍处于层流范围。透气砖出口流场测试，也证明了这一点。

当供气表压即进气压力与出口压力（即大气压）之差不大时，气体在透气砖内的沿程压损大小接近，局部阻力等损失也接近；压差较大时，气体在透气砖内的沿程压损较大，局部阻力等损失也较大，主要是因为透气砖两端因断面突然变化引起的局部阻力损失、层流起始阶段能量损失、气体在压力较大时其密度发生一定的变化等造成的，特别是进出口压力差对气体密度的影响较大。在弱搅拌情况下，从表 4-6、图 4-12 可以得出透气砖局部阻力等损失一般不大于 0.05MPa。

4.1.3.4　透气砖在可压缩状态下气流出口速度数值计算

透气砖出口粉粒必须具有较大动能，才能取得较好的冶金效果。在粉粒较小情况下，粉粒出口速度必须较大。气体作较高速度流动时，状态参数的变化与气体运动所经历的过程有关。下面讨论透气砖在可压缩状态下的气流出口流动特性。

A　可压缩流体

气体的密度是随压强和温度而改变的，但当气体的速度远小于声速时（例如气流速度小于 50m/s 或 70m/s），其密度或压强的相对变化都不大，可将这种低速气流近似地按不可压缩流体处理。按不可压缩流体对上述实验结果试算时，发现透气砖进出口压差为 0.4MPa 时，气体平均速度就超过 70m/s。由于底喷粉需要较高的速度，若当气体的速度较大时，其密度或压强的相对变化都较大，就应按可压缩流体处理。

由于狭缝型透气砖结构的特殊性，包括气室段和狭缝段（选取一狭缝作为研究对象），气流在其中流动规律是不同的，为了便于研究，可分为三个截面，如图 4-13 所示。

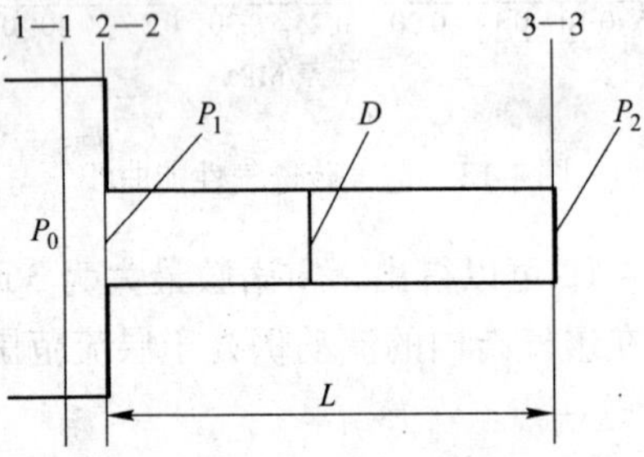

图 4-13　狭缝型透气砖结构图

B　可压缩气体在等断面管路中的流动

截面 2—2 到 3—3 气体流动可近似按完全气体的连续稳定绝热流动来处理。假定流动过程中存在摩擦损失，则有

$$\frac{\mathrm{d}Ma^2}{Ma^2}=\frac{KMa^2\left(1+\frac{K-1}{2}Ma^2\right)}{1-Ma^2}\cdot\frac{\lambda\mathrm{d}L}{D} \tag{4-34}$$

$$\frac{\mathrm{d}P}{P}=-\frac{1+(K-1)Ma^2}{2Ma^2\left(1+\frac{K-1}{2}Ma^2\right)}\mathrm{d}Ma^2 \tag{4-35}$$

式中 Ma——马赫数；

K——气体绝热指数；

λ——沿程阻力系数，取0.07；

L——狭缝等截面段长度，m；

D——狭缝等截面段的水力学直径，m；

P——狭缝内气流压力，10^5Pa。

沿狭缝长 L 从截面2—2到3—3对式（4-34）和式（4-35）积分，且假定 λ 恒定，则得：

$$\int_{Ma_1}^{Ma_2}\frac{1-Ma^2}{KMa^4\left(1+\frac{K-1}{2}Ma^2\right)}\mathrm{d}Ma^2=\int_0^L\frac{\lambda}{D}\mathrm{d}L \tag{4-36}$$

即：

$$\frac{1}{K}\left(\frac{1}{Ma_1^2}-\frac{1}{Ma_2^2}\right)-\frac{K+1}{2K}\ln\left(\frac{Ma_2^2}{Ma_1^2}\times\frac{2+(K-1)Ma_1^2}{2+(K-1)Ma_2^2}\right)=\frac{\lambda L}{D} \tag{4-37}$$

和

$$\int_{P_1}^{P_2}\frac{\mathrm{d}P}{P}=\int_{Ma_1}^{Ma_2}-\frac{1+(K-1)Ma^2}{2Ma^2\left(1+\frac{K-1}{2}Ma^2\right)}\mathrm{d}Ma^2 \tag{4-38}$$

即

$$\frac{P_1}{P_2}=\frac{Ma_2}{Ma_1}\sqrt{\frac{2+(K-1)Ma_2^2}{2+(K-1)Ma_1^2}} \tag{4-39}$$

式中 Ma_1、Ma_2——截面2—2和3—3处气流的马赫数；

P_1、P_2——截面2—2和3—3处气流的静压力。

马赫数的平方：

$$Ma^2 = \frac{\frac{2}{K+1}M^{*2}}{1-\frac{K-1}{K+1}M^{*2}} \tag{4-40}$$

式中　M^*——气流速度系数，即气流速度 W 与临界声速 a^* 之比值。

将式（4-40）代入式（4-37）和式（4-39），则有：

$$\frac{K+1}{2K}\left(\frac{1}{M_1^{*2}}-\frac{1}{M_2^{*2}}-\ln\frac{M_2^{*2}}{M_1^{*2}}\right)=\frac{\lambda L}{D} \tag{4-41}$$

和

$$\frac{P_1}{P_2}=\frac{\left(1+\frac{K-1}{K+1}M_1^{*2}\right)M_2^{*2}}{\left(1+\frac{K-1}{K+1}M_2^{*2}\right)M_1^{*2}} \tag{4-42}$$

由于气室比狭缝尺寸大得多，故可认为气室中气体处于滞止状态（$W_0=0$）。截面 1—1 至 2—2 距离很短，摩擦影响很小，可忽略不计，该段中的气体流动可视为等熵流动，故压力比为：

$$\frac{P_0}{P}=\left(1+\frac{K-1}{2}Ma^2\right)^{K/K-1} \tag{4-43}$$

于是可得：

$$\frac{P_0}{P_1}=\left(1-\frac{K-1}{K+1}M_1^{*2}\right)^{-K/K-1} \tag{4-44}$$

$$\frac{P_0}{P_2}=\frac{\left(1-\frac{K-1}{K+1}M_1^{*2}\right)^{1/1-K}M_2^*}{\left(1-\frac{K-1}{K+1}M_2^{*2}\right)M_1^*} \tag{4-45}$$

对于氮气 $k=1.4$：

$$a^*=0.915a_0 \tag{4-46}$$

$$a_0=(KRT_0)^{\frac{1}{2}} \tag{4-47}$$

$$W_1=M_1^*\cdot a^* \tag{4-48}$$

$$W_2 = M_2^* \cdot a^* \tag{4-49}$$

$$Ma_1^2 = \frac{\frac{2}{K+1}M_1^{*2}}{1 - \frac{K-1}{K+1}M_1^{*2}} \tag{4-50}$$

$$Ma_2^2 = \frac{\frac{2}{K+1}M_2^{*2}}{1 - \frac{K-1}{K+1}M_2^{*2}} \tag{4-51}$$

根据连续性方程：

$$W_1\rho_1 = W_2\rho_2 \tag{4-52}$$

$$\rho_1 = \rho_0\left(\frac{P_1}{P_0}\right)^{\frac{1}{K}} \tag{4-53}$$

$$\rho_0 = \frac{P_0}{RT_0} \tag{4-54}$$

$$\rho_2 = \frac{P_2}{RT_2} = \frac{P_2}{RT_0\left(1 - \frac{K-1}{K+1} \times M_2^{*2}\right)} \tag{4-55}$$

$$M_1^* \frac{p_0}{RT_0}\left(\frac{P_1}{P_0}\right)^{\frac{1}{K}} = M_2^* \frac{P_2}{RT_0\left(1 - \frac{K-1}{K+1} \times M_2^{*2}\right)} \tag{4-56}$$

式中 ρ_1，ρ_2——截面2—2 和 3—3 处气流密度，kg/m^3；

T_0——截面 1—1 处的气流滞止温度，$T = 298K$；

R——气体常数，N_2为 296.8J/(kg·K)。

对于透气砖的出口为大气，所以 $P_2 = 1 \times 10^5 Pa$，$\rho_2 = 1.14kg/m^3$。透气砖的狭缝长度为 $L = 0.16m$，宽度为 $B = 0.014m$，狭缝厚度为 $\delta = 0.00015m$，宽度远远大于狭缝厚度，气体在狭缝内流动为层流，属于平面层流流动。

狭缝的水力学直径 D：

$$D = \frac{4B\delta}{2(B+\delta)} = 2\delta \qquad (B \gg \delta) \tag{4-57}$$

按上述条件（纯氮气流动时），代入式(4-44)～式(4-57)，计算结果如表4-7及图4-14所示。

表4-7　气体流动计算结果

气室中的压力/MPa	0.2	0.3	0.4	0.5	0.6	0.7
透气砖出口速度/$m \cdot s^{-1}$	31.2	50.5	61.8	72.1	85.4	97.5

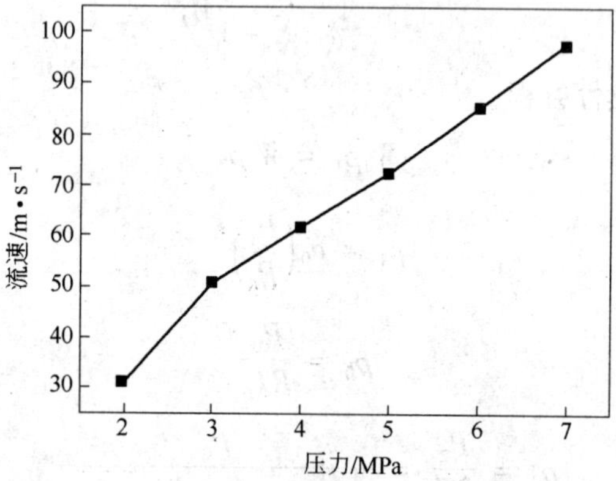

图4-14　透气砖内气体的压力与速度的关系

由表4-7可见，按可压缩气体计算的速度与按不可压缩流体计算的速度基本一致，相差不大。对于可压缩流体的稳定流动，只要流体的速度与当地的声速之比即马赫数 $Ma \leqslant 0.3$ 且与外界无能量交换，则可按不可压缩流体处理。可见，在压差不是很大的情况下，可按不可压缩流体近似计算。

4.2　气粉两相流在底喷粉透气砖内流动

气力输送是利用气流在管道中输送粉粒状粉剂的一种方法，也就是利用具有一定能量（一定压力和一定速度）的气流，来输送粉粒状粉剂。

气力输送是从19世纪后期逐渐发展起来的，气力输送有着多种分类方法。在这些分类方法中，最方便的是按照在管道中形成气流的方法，将气力输送分为吸送式和压送式两大类。20 世纪 60 年代气力输送技术开始应用于喷粉冶金，使这一单纯的运输手段发展成为冶金工艺过程的一部分，这就是需要根据喷粉冶金的工艺要求来输送粉粒体，要求输送过程稳定和连续，不发生脉动现象；粉剂的浓度和流量在一定范围内可以调节和控制；气固混合物具有较大的喷出速度，使颗粒能进入金属液中以提高其利用率。采用狭缝型透气砖底喷吹脱硫粉剂，由于狭缝尺度小，气固两相流在透气砖狭缝内的流动特性是实现稳定喷吹的关键问题。

4.2.1 粉气流在管道输送中的流动

4.2.1.1 粉气流的流动形式

在管道输送中，粉粒受许多力的作用，如粉粒之间彼此碰撞产生的力、粉粒与管壁之间的摩擦力、气流的推力和重力等。尤其在管道的弯头、挡板和切换阀等处，气流分布不均匀，阻力大，粉粒流经这些地方之后能量损失很大。为了保证均匀地进行粉粒的气力输送，需要的气流速度远远大于沉降速度。

实际观察表明，粉粒在管道中流动的状态随气流速度不同产生显著变化。在一般情况下，管道中粉粒的流动形式与气流中粉粒的数量（即粉气比）、气流速度、管道的直径与长度，以及粉粒的大小与形状等因素有关。

在其他条件相同时，在水平管道中，粉气流的流动形式随气流速度的变化大致可分为以下几种，如图 4-15 所示。

A 悬浮流

当气流速度足够大时，粉粒在气流中分布均匀，粉粒输送均匀稳定。

B 底密流

气流速度降低，粉粒在气流中的分布不均匀。在水平管道的横截面上，越靠近下部管壁粉粒的密度越大。

C 疏密流

气流速度再减小，粉粒的分布不仅在横截面上不均匀，在流动方向上的分布也不均匀，忽疏忽密，输送不均匀。

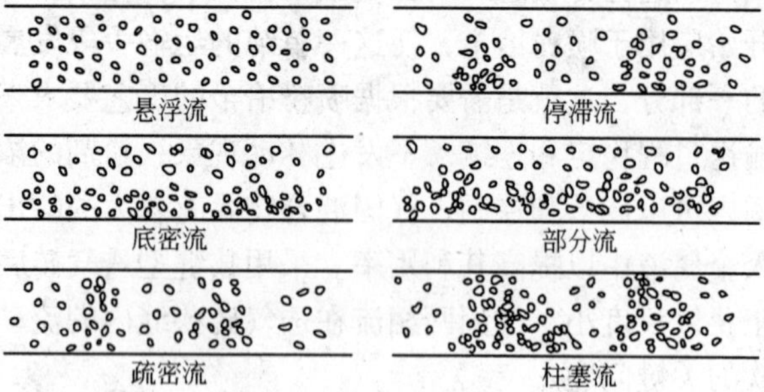

图 4-15　粉粒在管道中的流动形式

D　停滞流

当气流速度小于某一值以后，一部分粉粒沉滞在管底以小于气流的速度向前滑动。在管道截面小的局部范围内，因为气流速度较大，在某一瞬间有可能使沉滞的粉粒重新被吹走。粉气流呈不稳定流动，粉粒时而沉滞时而被吹动，进行不均匀的粉料输送。

E　部分流

气流速度继续下降，一部分粉粒沉积在管道的底部，仅在管内上部空间仍有粉气流通过。在沉积的粉粒层表面有部分粉粒在气流推动下不规则地向前移动。

F　柱塞流

由于气流速度过低，粉气流中的粉粒沉积充满了局部管道的整个截面，造成断续的柱塞状流动。

上述悬浮流、底密流和疏密流属于悬浮流动，停滞流、部分流和柱塞流属于集团流动，并且出现不同程度的脉动状态。悬浮流动靠气流的动能推动，而集团流动主要靠气体的压力能流动。这些流动形式都与粉粒的物理性质有关，但对于同一种物料的粉粒主要受气流速度大小所支配。因为停滞流等集团流动不能满足稳定均匀供料的要求，在气力输送中应该避免，即要保证气流有足够的速度。这一速度大小一般用该粉粒的沉降速度作为选定的根据。

4.2.1.2　粉粒输送的合理气流速度

如前所述，为满足均匀稳定地输送粉料，选择气流速度十分重要。一般从理论上说，气流的速度大于自由沉降速度就能保证正常的粉料输送。但在实际上因为粉料的物理性质不同，受粉气比大小及管道的长短粗细等的差异所影响，气流的实际流速必然远远大于自由沉降速度。但是气流速度过大不仅消耗的能量增加，管道磨损也严重。如果是向金属熔池喷吹冶金粉剂，则容易造成喷溅。使金属和合金损耗大大增加，操作困难。相反，如果气流速度太小，就会造成供料不稳定甚至会出现堵塞现象。所以，粉粒输送要求一定的合理气流速度。

合理的气流速度可以用式（4-58）估算：

$$v_j = cv_t \tag{4-58}$$

式中 v_j——气流的合理速度；

v_t——粉粒的自由沉降速度；

c——与粉气比、输送管道特征有关的经验系数。

4.2.1.3 粉气流在垂直管道中的流动

在水平流动中，气流速度大小对粉粒的流动状态产生很大的影响，决定粉料输送能否均匀稳定。

在垂直管道中，粉粒主要受气流向上的推力作用，当气流速度大于粉粒的沉降速度时，粉粒就能随气流向上运动。如前分析，粉粒受重力、气流的阻力和浮力同时作用。此外，粉粒还受由于粉粒之间相互摩擦与碰撞而产生的非垂直方向的力的作用。结果使粉粒的轨迹不是垂直地直线上升，而是不规则地相互交错时左时右地向上运动，从而也使粉粒在垂直管道中能够均匀地分布。这种粉粒流动方式称为定常流或定流。

4.2.2 粉体在透气砖气室的悬浮速度

当粉体与气体混合后在输送系统的竖管中向上流动时，粉体颗粒受到来自本身的重力向下作用和输送系统施以的动力向上流动这两个方面的作用。如果粉体颗粒在输送管道内发生既不下降也不上升并且脱离管壁保持悬浮状况，此时气流的最小速度被称为粉体颗粒的悬浮速度。粉体的悬浮速度也称为沉降速度，其值取决于粉体和气流的密度、粉体的几何形状、表面状态以及粉体颗粒对气体的摩擦系数等。

当粉体粒径 $d_e \leqslant 70\mu m$，粉体真密度在 $500 \sim 8000 kg/m^3$ 时：

$$v_x = \frac{(\rho_s - \rho) d_e^2 g}{18\mu} \tag{4-59}$$

式中 v_x——粉体颗粒悬浮速度，m/s；

d_e——粉体平均当量直径，m；

μ——载体的黏度系数，Pa · s；

ρ_s——粉体真密度，kg/m^3；

ρ——载气密度，kg/m^3；

g——重力加速度，m/s^2。

输送系统的粉体输送速度必须大于粉体颗粒悬浮速度。粉体的输送速度目前尚无完整可靠的计算公式，设计时一般可采用经验数据，对垂直输送管道，$v = 1.25 \sim 2v_x$；对水平输送管道，$v = 2 \sim 3v_x$。

如石灰粉粒径为0.048mm(300 目)，按式（4-59）计算，其悬浮速度小于0.1m/s。可见，其悬浮速度很小。可以认为，在气室中脱硫石灰粉剂只要大于0.1m/s，就难以沉降下来；而在狭缝内气流速度较高，一般在50m/s 以上，远远大于粉体的悬浮速度。

4.2.3　气粉两相流在透气砖狭缝内的速度和浓度分布

前人对于管道内气固两相流做了大量的有益的研究工作，但对于透气砖狭缝内的气粉两相流的研究还处于空白。为了确保透气砖底喷粉工艺的顺利实施，提高粉剂的输送安全性、效率，节约能源，必须对颗粒在透气砖狭缝内的流动问题进行深入的研究。

4.2.3.1　颗粒在定常垂直流中的基本运动方程

气固两相流由容器底部进入气室，形成“混合”状态，再垂直进入透气砖狭缝。颗粒群在狭缝内运动时，除受气流曳引阻力外，在垂直方向还受颗粒自身重力的作用，这两个力的合力便成为颗粒沿垂直方向作加速惯性力的主要部分。由于颗粒自下而上地运动，颗粒的重力可抵消一部分气流曳引阻力，它起着使颗粒减速的作用。

阻力是在流体完全均匀、颗粒作均匀运动时，流体作用于颗粒上的力。如果流体中存在不均匀性或颗粒作变速运动，则颗粒除了受阻力以外，还要承受由此引起的其他力。

对于在定常流中一质量为 M 的粉剂颗粒受到重力 F_g 作用，气体对它产生浮力，由于颗粒旋转产生 magnus 力 F_M，黏性流体对颗粒产生曳引阻力 F_d，此外还有颗粒在气体中作加速或减速运动时，它要引起周围气体的加速或阻碍气体运动。由于气体具有惯性，表现为对颗粒的反作用力，称之为视质量力 F_{vm}。

颗粒垂直上升过程中，因 magnus 力垂直于气流运动方向，所以 F_M 力对颗粒的运动速度不产生影响，则颗粒运动的微分方程为：

$$m_p \frac{dv_p}{dt} = F_d + F_f + F_g + F_{vm} \tag{4-60}$$

其中：

$$F_d = C_d \frac{\pi d_p^2}{4} \frac{\rho_g (V_g - V_p)^2}{2} \tag{4-61}$$

$$F_f = \frac{\pi}{6} \rho_g d_p^3 g \tag{4-62}$$

$$F_g = \frac{\pi}{6} \rho_g d_p^3 g \tag{4-63}$$

$$F_{vm} = \frac{\pi}{12} d_p^3 \rho_g \frac{d}{dt}(V_g - V_p) \tag{4-64}$$

式中 C_d——曳引阻力系数，$C_d = \frac{\alpha}{Re_{(t)}^k}$，$Re_{(t)} = \frac{d_p \rho_g V_t}{\mu}$，系数 α 和 k 由 $Re_{(t)}$ 的大小决定；

V_t——颗粒的沉降终速，对于一定的颗粒和流体，V_t 是已知的；

M, V, t, ρ, d——分别为质量、速度、时间、密度、直径，下标 p 和 g 分别代表颗粒和气流。

将式(4-61) ~ 式(4-64)代入式 (4-60)，有：

$$\frac{\pi}{6}\rho_p d_p^3 \frac{dV_p}{dt} = C_d \frac{\pi}{8} d_p^2 \rho_g (V_g - V_p)^2 + \frac{\pi}{6}\rho_g d_p^3 g - \frac{\pi}{6}\rho_g d_p^3 g - \frac{\pi}{12}\rho_g d_p^3 g \frac{dV_p}{dt} \tag{4-65}$$

$$\frac{dx_p}{dt} = V_p \tag{4-66}$$

式中，x_p为粒子的坐标向量。

用 Runge-Kutta-Gill 法来求解运动方程。时间步取为 0.001s，追踪距离为狭缝长度，追踪的粒子数为 1 ~50 之间。

粉粒的初始条件包括初始位置和初始速度。因假设粉粒均匀分布，所以粒子初始位置在入口横截面内均匀分布的网格节点。颗粒在透气砖气室内的速度一般只有 0.1 ~0.3m/s，可近似认为零。

4.2.3.2　颗粒在定常垂直流中基本运动的数值计算结果

图 4-16 ~图 4-42 给出了在不同初始条件（入口气体速度、质量比、粉剂粒径）下，狭缝内粉剂浓度和速度分布计算模拟结果。

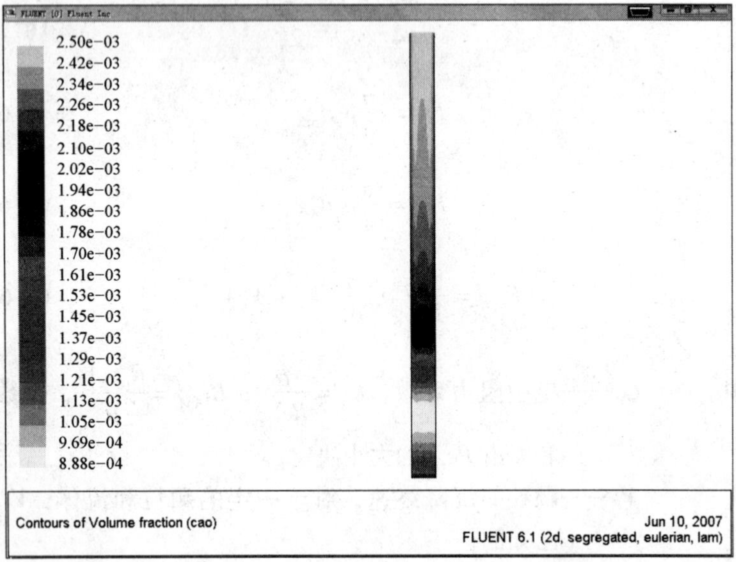

图 4-16　入口速度为 60、CaO 与 N_2 质量比为 5∶1 、粒度为 0.048mm（300 目）时狭缝内 CaO 浓度分布

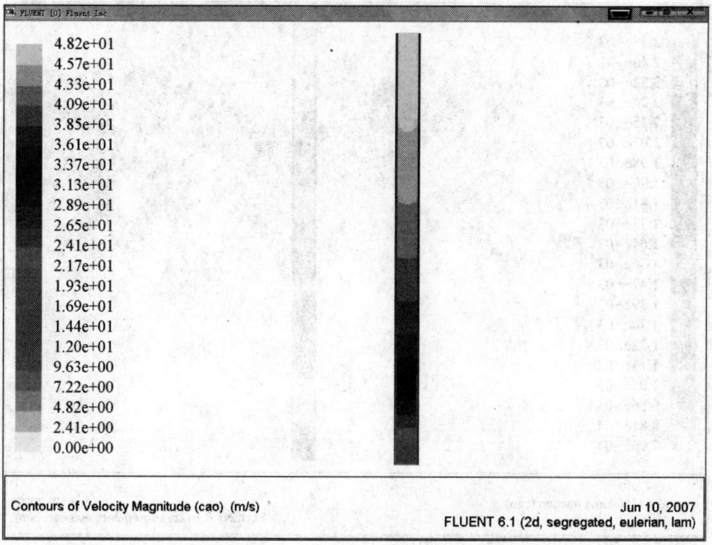

图 4-17 入口速度为 60、CaO 与 N_2 质量比为 5∶1 、粒度为 0.048mm（300 目）时狭缝内 CaO 速度分布

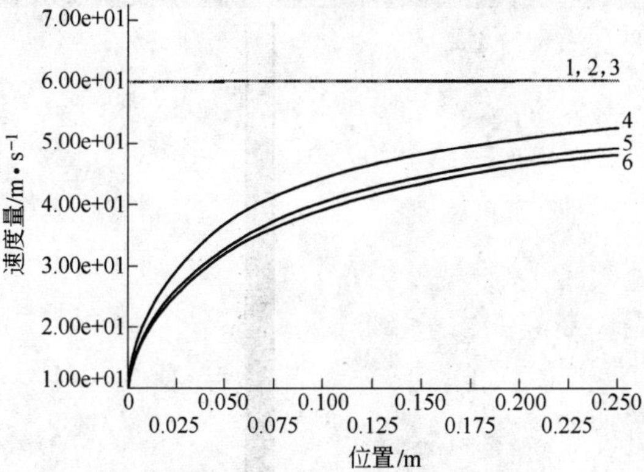

图 4-18 入口速度为 60、CaO 与 N_2 质量比为 5∶1 、不同粒度时狭缝内 CaO 和 N_2 速度曲线

1—粒度为 0.048mm（300 目）时 N_2 速度；2—粒度为 0.042mm（350 目）时 N_2 速度；3—粒度为 0.038mm（400 目）时 N_2 速度；4—粒度为 0.038mm（400 目）时 CaO 速度；5—粒度为 0.042mm（350 目）时 CaO 速度；6—粒度为 0.048mm（300 目）时 CaO 速度

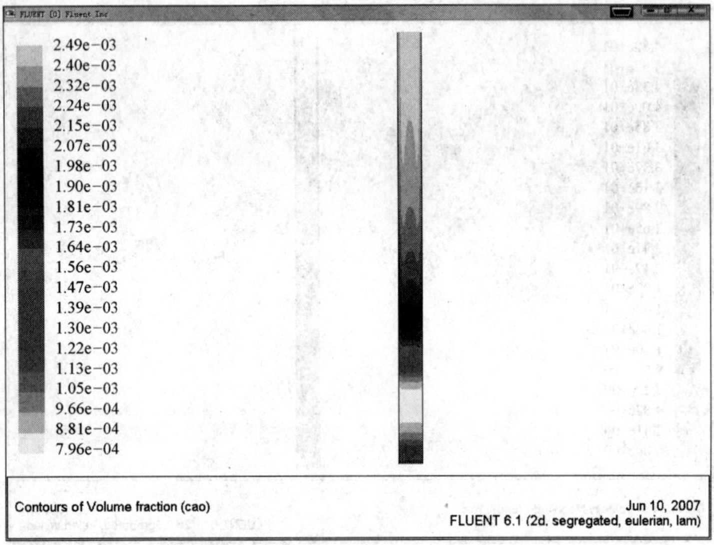

图 4-19　入口速度为 70、CaO 与 N_2 质量比为 5∶1 、粒度为 0.048mm（300 目）时狭缝内 CaO 浓度分布

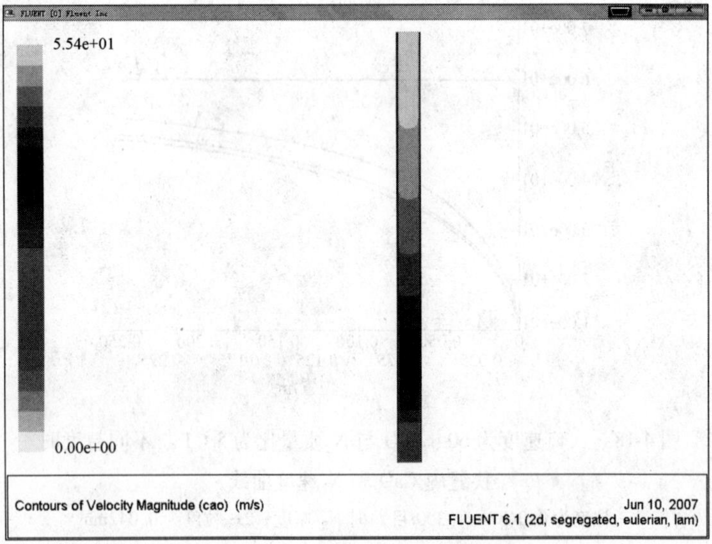

图 4-20　入口速度为 70、CaO 与 N_2 质量比为 5∶1 、粒度为 0.048mm（300 目）时狭缝内 CaO 速度分布

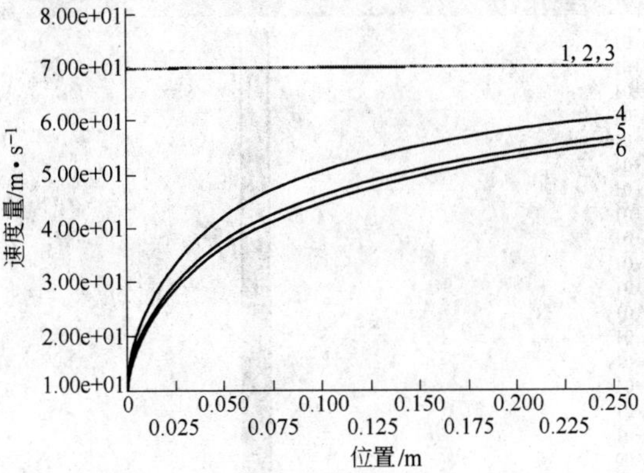

图 4-21 入口速度为70、CaO 与 N_2 质量比为5∶1、不同粒度时狭缝内 CaO 和 N_2 速度曲线

1—粒度为0.048mm（300目）时 N_2 速度；2—粒度为0.042mm（350目）时 N_2 速度；3—粒度为0.038mm（400目）时 N_2 速度；4—粒度为0.038mm（400目）时 CaO 速度；5—粒度为0.042mm（350目）时 CaO 速度；6—粒度为0.048mm（300目）时 CaO 速度

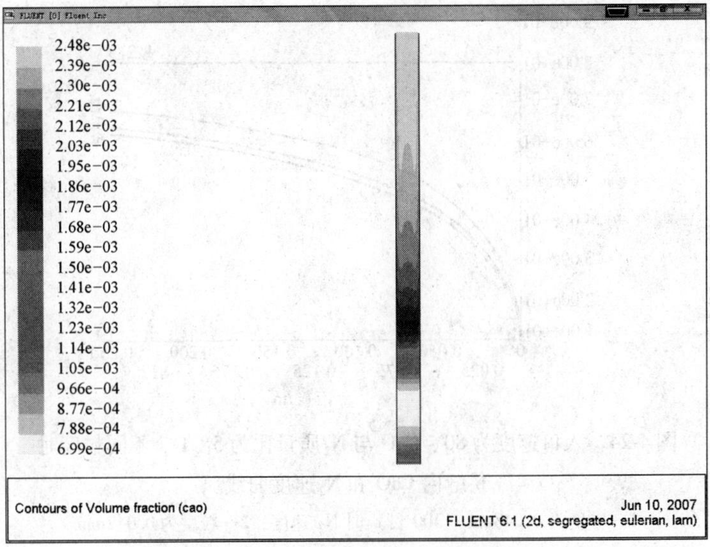

图 4-22 入口速度为80、CaO 与 N_2 质量比为5∶1、粒度为0.048mm（300目）时狭缝内 CaO 浓度分布

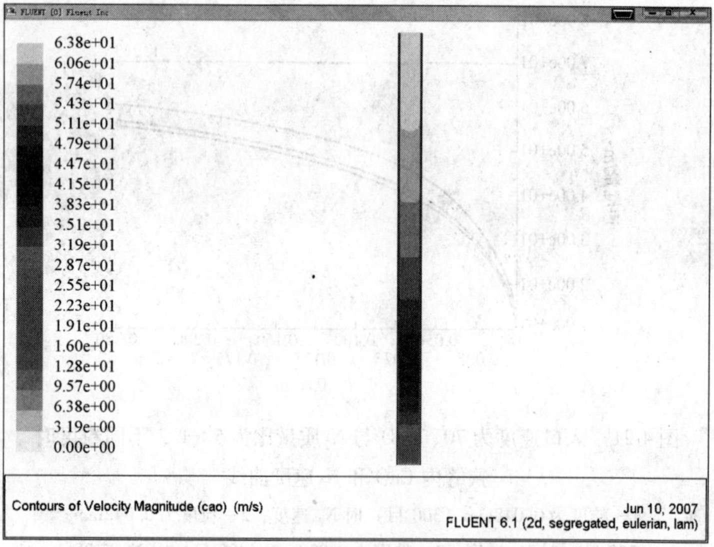

图 4-23　入口速度为 80、CaO 与 N_2 质量比为 5∶1 、粒度为 0. 048mm（300 目）时狭缝内 CaO 速度分布

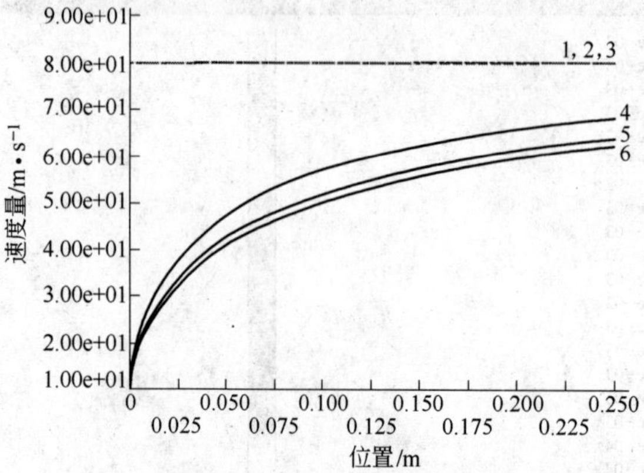

图 4-24　入口速度为 80、CaO 与 N_2 质量比为 5∶1 、不同粒度时狭缝内 CaO 和 N_2 速度曲线

1—粒度为 0. 048mm（300 目）时 N_2 速度；2—粒度为 0. 042mm（350 目）时 N_2 速度；3—粒度为 0. 038mm（400 目）时 N_2 速度；4—粒度为 0. 038mm（400 目）时 CaO 速度；5—粒度为 0. 042mm（350 目）时 CaO 速度；6—粒度为 0. 048mm（300 目）时 CaO 速度

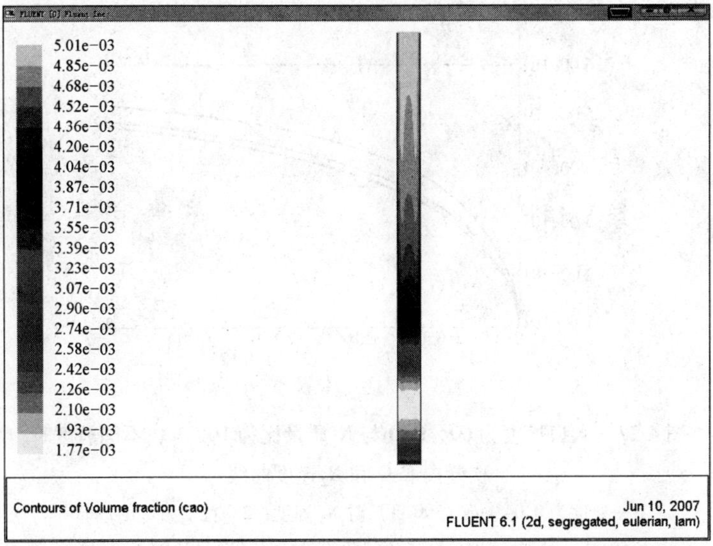

图 4-25 入口速度为 60、CaO 与 N_2 质量比为 10∶1 、粒度为 0.048mm（300 目）时狭缝内 CaO 浓度分布

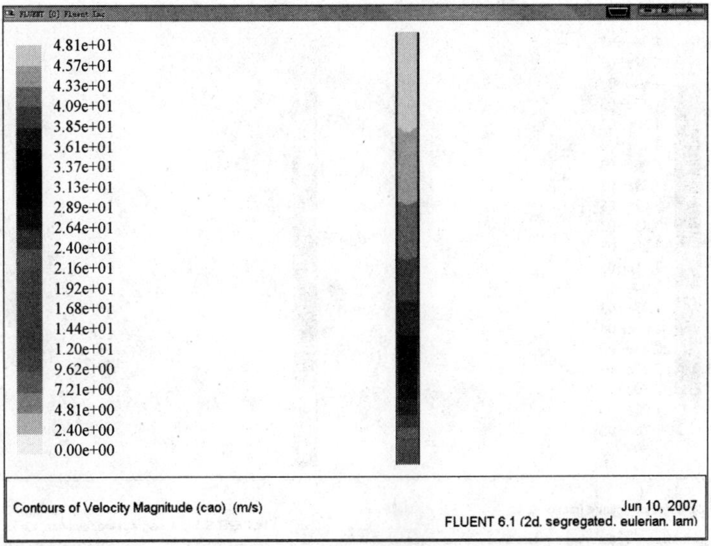

图 4-26 入口速度为 60、CaO 与 N_2 质量比为 10∶1 、粒度为 0.048mm（300 目）时狭缝内 CaO 速度分布

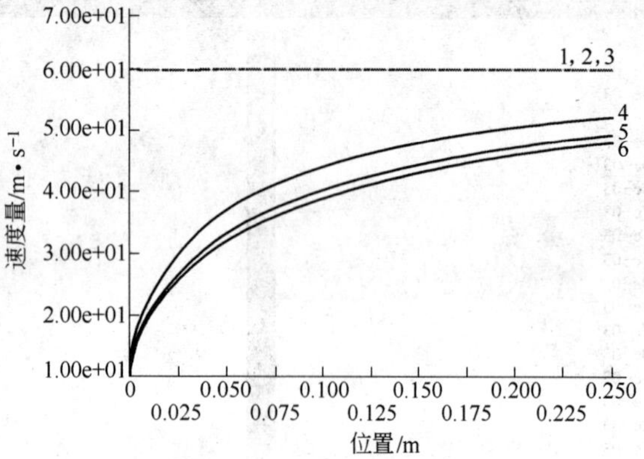

图 4-27　入口速度为 60、CaO 与 N_2 质量比为 10∶1 、不同粒度时狭缝内 CaO 和 N_2 速度曲线

1—粒度为 0.048mm（300 目）时 N_2 速度；2—粒度为 0.042mm（350 目）时 N_2 速度；3—粒度为 0.038mm（400 目）时 N_2 速度；4—粒度为 0.038mm（400 目）时 CaO 速度；5—粒度为 0.042mm（350 目）时 CaO 速度；6—粒度为 0.048mm（300 目）时 CaO 速度

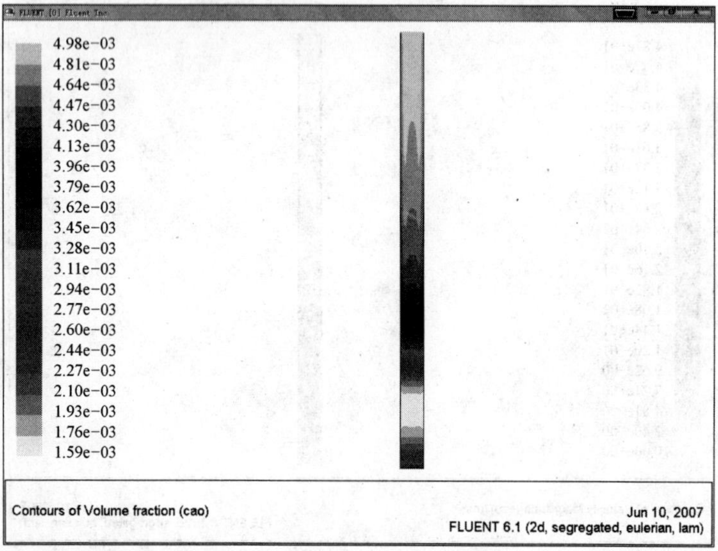

图 4-28　入口速度为 70、CaO 与 N_2 质量比为 10∶1 、粒度为 0.048mm（300 目）时狭缝内 CaO 浓度分布

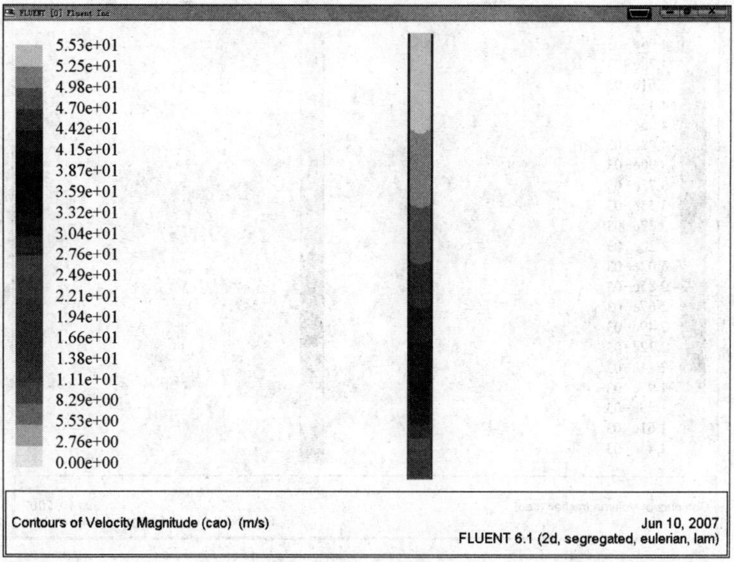

图 4-29 入口速度为 70、CaO 与 N_2 质量比为 10∶1 、粒度为 0.048mm（300 目）时狭缝内 CaO 速度分布

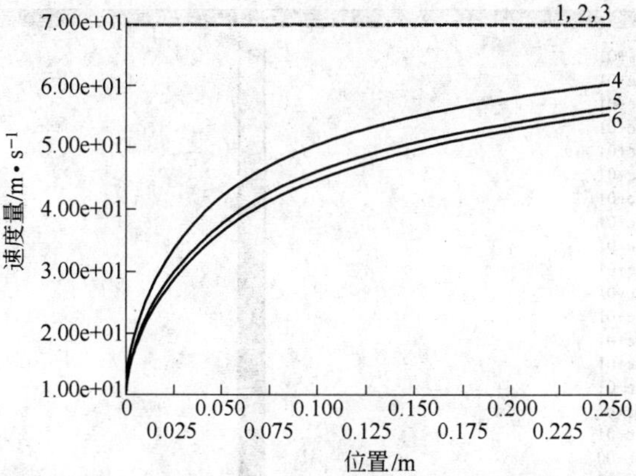

图 4-30 入口速度为 70、CaO 与 N_2 质量比为 10∶1 、不同粒度时狭缝内 CaO 和 N_2 速度曲线

1—粒度为 0.048mm（300 目）时 N_2 速度；2—粒度为 0.042mm（350 目）时 N_2 速度；3—粒度为 0.038mm（400 目）时 N_2 速度；4—粒度为 0.038mm（400 目）时 CaO 速度；5—粒度为 0.042mm（350 目）时 CaO 速度；6—粒度为 0.048mm（300 目）时 CaO 速度

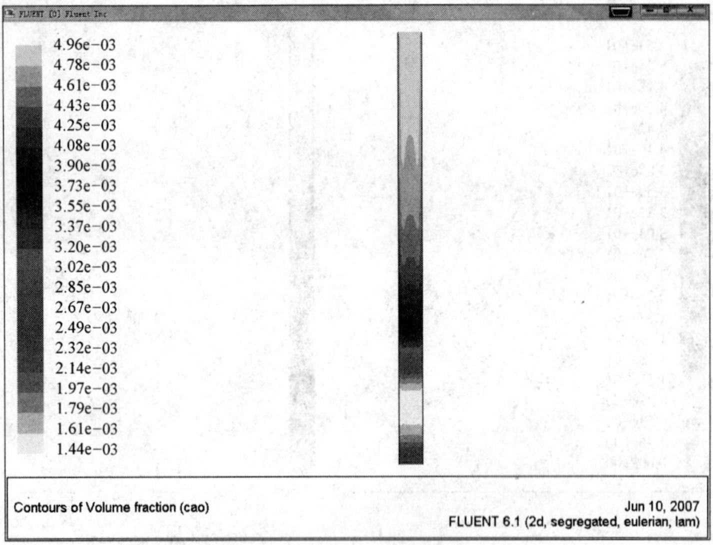

图 4-31　入口速度为 80、CaO 与 N_2 质量比为 10：1 、粒度为 0. 048mm（300 目）时狭缝内 CaO 浓度分布

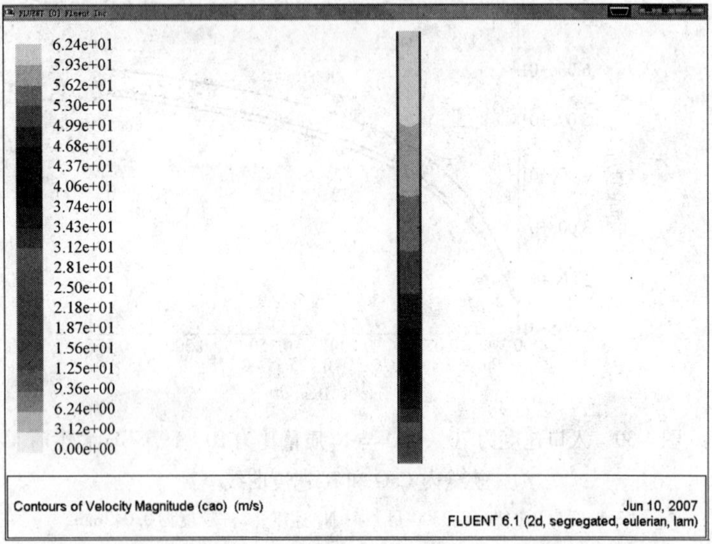

图 4-32　入口速度为 80、CaO 与 N_2 质量比为 10：1 、粒度为 0. 048mm（300 目）时狭缝内 CaO 速度分布

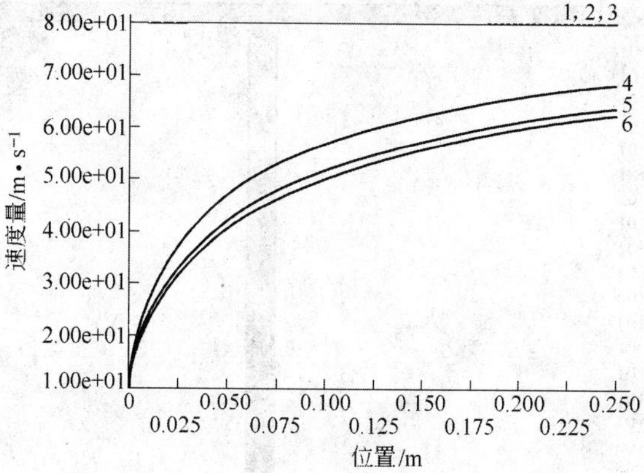

图 4-33 入口速度为 80、CaO 与 N_2 质量比为 10∶1、不同粒度时狭缝内 CaO 和 N_2 速度曲线

1—粒度为 0.048mm（300 目）时 N_2 速度；2—粒度为 0.042mm（350 目）时 N_2 速度；3—粒度为 0.038mm（400 目）时 N_2 速度；4—粒度为 0.038mm（400 目）时 CaO 速度；5—粒度为 0.042mm（350 目）时 CaO 速度；6—粒度为 0.048mm（300 目）时 CaO 速度

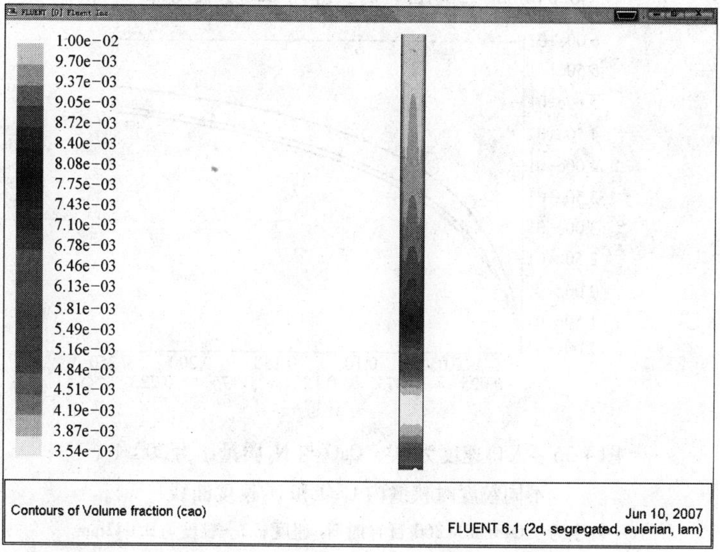

图 4-34 入口速度为 60、CaO 与 N_2 质量比为 20∶1、粒度为 0.048mm（300 目）时狭缝内 CaO 浓度分布

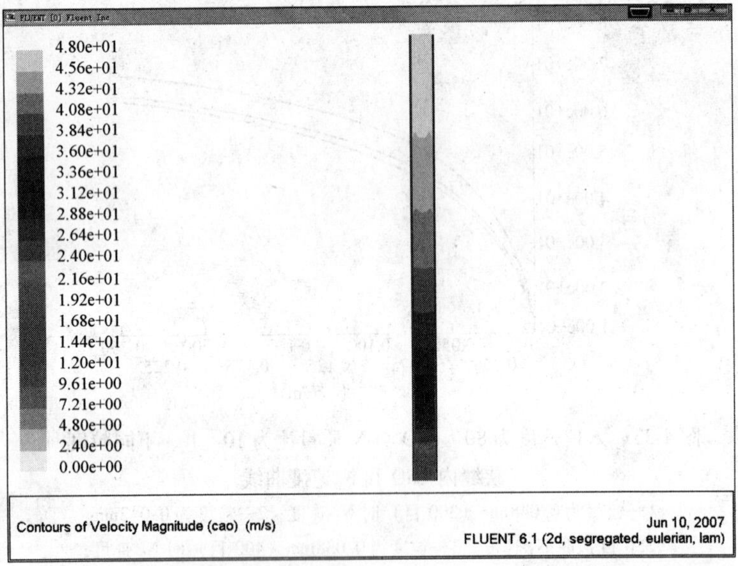

图 4-35　入口速度为 60、CaO 与 N_2 质量比为 20∶1 、粒度为 0.048mm（300 目）时狭缝内 CaO 速度分布

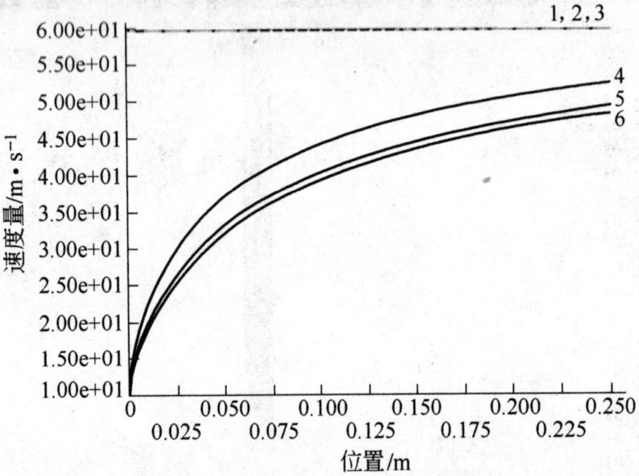

图 4-36　入口速度为 60、CaO 与 N_2 质量比为 20∶1 、不同粒度时狭缝内 CaO 和 N_2 速度曲线

1—粒度为 0.048mm（300 目）时 N_2 速度；2—粒度为 0.042mm（350 目）时 N_2 速度；3—粒度为 0.038mm（400 目）时 N_2 速度；4—粒度为 0.038mm（400 目）时 CaO 速度；5—粒度为 0.042mm（350 目）时 CaO 速度；6—粒度为 0.048mm（300 目）时 CaO 速度

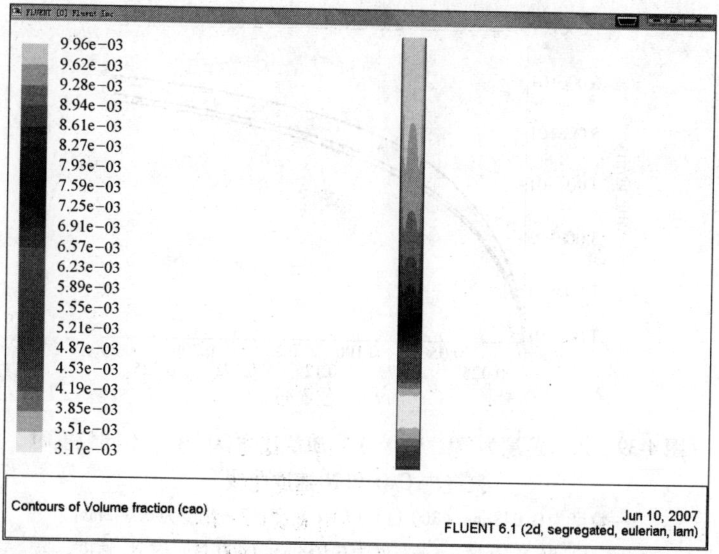

图 4-37　入口速度为 70、CaO 与 N_2 质量比为 20：1 、粒度为 0.048mm（300 目）时狭缝内 CaO 浓度分布

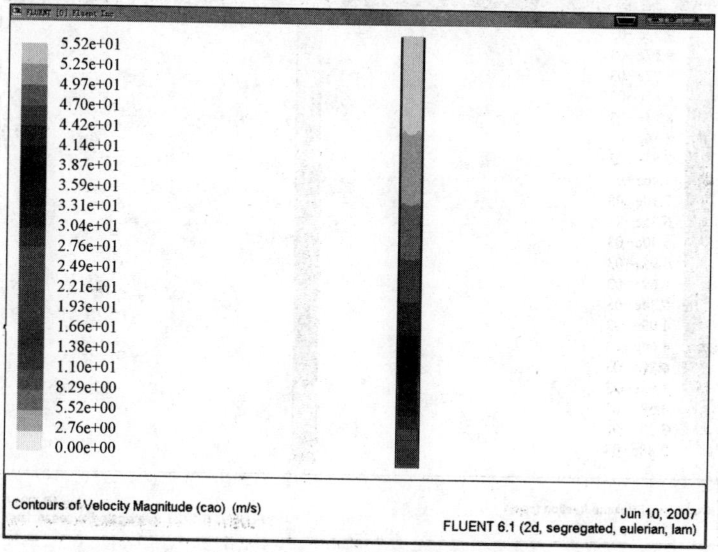

图 4-38　入口速度为 70、CaO 与 N_2 质量比为 20：1 、粒度为 0.048mm（300 目）时狭缝内 CaO 速度分布

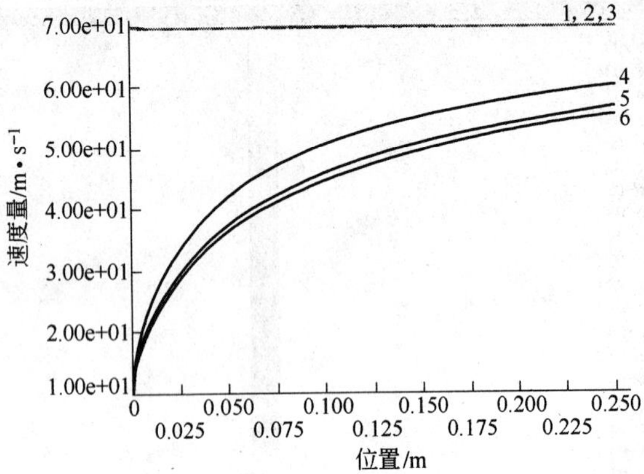

图 4-39　入口速度为 70、CaO 与 N_2 质量比为 20∶1 、不同粒度时狭缝内 CaO 和 N_2 速度曲线

1—粒度为 0.048mm（300 目）时 N_2 速度；2—粒度为 0.042mm（350 目）时 N_2 速度；3—粒度为 0.038mm（400 目）时 N_2 速度；4—粒度为 0.038mm（400 目）时 CaO 速度；5—粒度为 0.042mm（350 目）时 CaO 速度；6—粒度为 0.048mm（300 目）时 CaO 速度

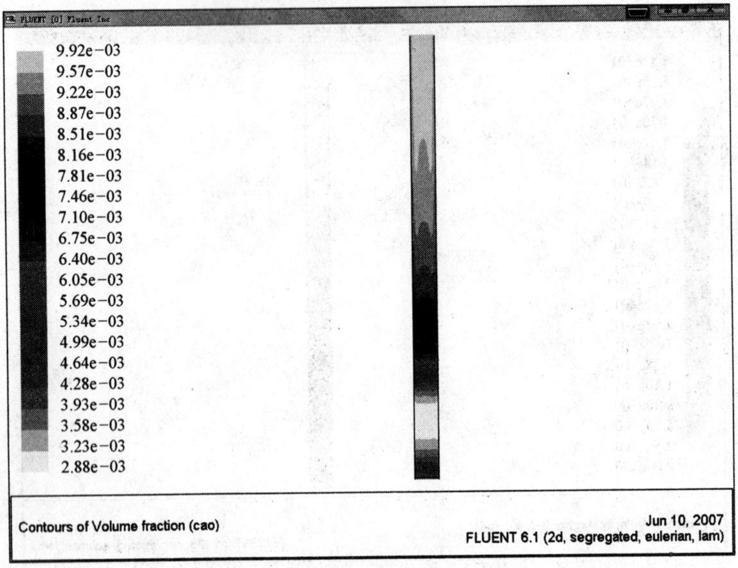

图 4-40　入口速度为 80、CaO 与 N_2 质量比为 20∶1 、粒度为 0.048mm（300 目）时狭缝内 CaO 浓度分布

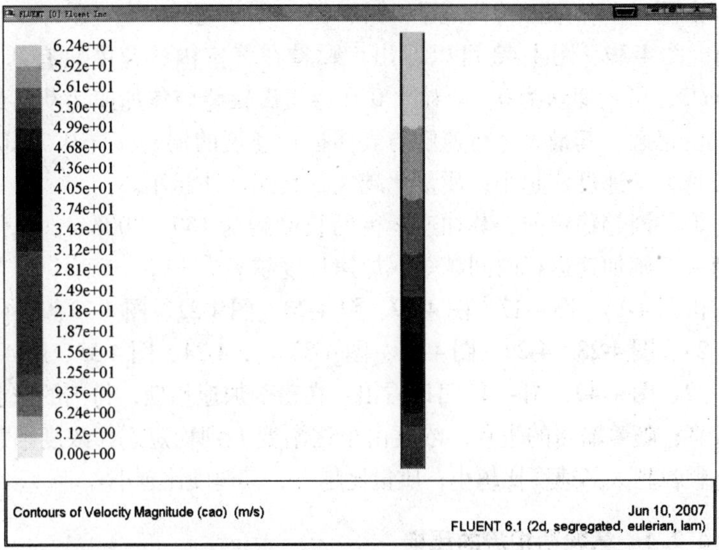

图 4-41 入口速度为 80、CaO 与 N_2 质量比为 20∶1 、粒度为 0.048mm（300 目）时狭缝内 CaO 速度分布

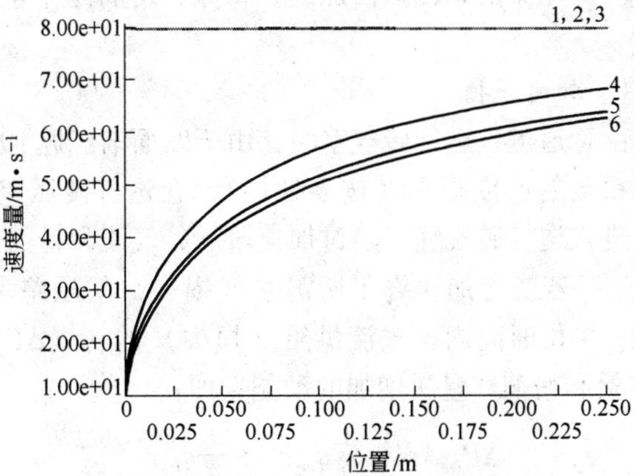

图 4-42 入口速度为 80、CaO 与 N_2 质量比为 20∶1 、不同粒度时狭缝内 CaO 和 N_2 速度曲线

1—粒度为 0.048mm（300 目）时 N_2 速度；2—粒度为 0.042mm（350 目）时 N_2 速度；3—粒度为 0.038mm（400 目）时 N_2 速度；4—粒度为 0.038mm（400 目）时 CaO 速度；5—粒度为 0.042mm（350 目）时 CaO 速度；6—粒度为 0.048mm（300 目）时 CaO 速度

由图 4-18、图 4-21、图 4-24、图 4-27、图 4-30、图 4-33、图 4-36、图 4-39、图 4-42 可以看出：颗粒在气室内的速度只有 0.1 ~ 0.3m/s，可近似认为 0。颗粒由 0 在透气砖狭缝内作加速运动，最后形成稳定态，其最大运行速度与气体运行速度的比 $v_p/v_g=0.7\sim0.9$，颗粒越大其速度比越小；质量比越大，其速度比越小。

颗粒渐趋稳定前，其加速运行的长度约为 160 ~ 200mm。气体速度越大，则加速运行时间越短，加速长度越短。

由图 4-16、图 4-17、图 4-19、图 4-20、图 4-22、图 4-23、图4-25、图 4-26、图 4-28、4-29、图 4-31、图 4-32、图 4-34、图 4-35、图 4-37、图 4-38、图 4-40、图 4-41 可以看出：在粉剂加速初期，粉剂的浓度相对较高；随着输送的进程，浓度由小逐渐变大到稳定态，浓度渐趋均匀；颗粒越大其速度比越小；质量比越大，其速度比越小。

4.2.4　气粉两相流的压损

气粉两相流中，气流和粉剂所消耗的各种能量，都是由气流的压能来补偿的。两相流的总压损由加速、摩擦、粉剂提升等压损及局部压损所组成。

4.2.4.1　加速压损

当粉剂由管道进入透气砖气室时，由于断面渐扩近 100 倍，进入气室里中的粉剂的速度很小（按零处理），在透气砖压差流作用下，粉剂与气流进入透气砖狭缝，经过加速段后，气流和粉剂分别达到最大速度 v 和 v_s。若二者加速终了所需要（损失）的压差为 ΔP_{mg}，根据功能原理，单位时间内，气流供给（损失）的功（$\Delta P_{mg}Av$）应等于气（流）量和粉剂产量所增加的动能，即：

$$\Delta P_{mg}Av = \frac{1}{2}q_{mg}v^2 + \frac{1}{2}q_{ms}v_s^2 \tag{4-67}$$

引入混合比 m 后，则得：

$$\Delta P_{mg} = \left[1 + m\left(\frac{v_s}{v}\right)^2\right]\rho\frac{v^2}{2} \tag{4-68}$$

4.2.4.2　摩擦压损

取透气砖狭缝长为 L，纯气流的摩擦压损 ΔP_{of}按达西公式：

$$\Delta P_{of} = \lambda \frac{L}{D}\rho \frac{v^2}{2} \tag{4-69}$$

粒群的附加摩擦压损 ΔP_{nf} 按达西公式：

$$\Delta P_{nf} = \lambda_s \frac{L}{D}P_n \frac{v_s^2}{2} = m \frac{v_s}{v}\lambda_s \frac{L}{D}\rho \frac{v^2}{2} \tag{4-70}$$

令 $\lambda_b = \lambda_s v_s / v$，$\lambda_b$ 称为粒群附加压损系数。

两相流的压损：

$$\Delta P_{mf} = \left(1 + m \frac{\lambda_s}{\lambda}\frac{v_s}{v}\right)\lambda \frac{L}{D}\rho \frac{v^2}{2} \tag{4-71}$$

取 $k = \frac{\lambda_s}{\lambda}\frac{v_s}{v}$，$k$ 称为沿程阻力的附加系数，则：

$$\Delta P_{mf} = (1 + mk)\lambda \frac{L}{D}\rho \frac{v^2}{2} = \alpha \Delta P_{of} \tag{4-72}$$

式中，$\alpha = (1 + mk)$ 称为压损比。日本学者刀根英明提出如下公式。

对于水平管道：

$$\alpha = 0.2m + \sqrt{\frac{30}{V}} \tag{4-73}$$

对于垂直管道：

$$\alpha = 0.15m + \sqrt{\frac{30}{V^{1.5}}} \tag{4-74}$$

4.2.4.3 粉剂提升压损

关于沿程阻力的附加系数 k，对于粉状物料粉剂提升压损，$k = 0.5$。

$$\Delta P_{st} = m \frac{V}{V_s}\rho g h \tag{4-75}$$

式中 h——粉剂的提升高度，m。

4.2.4.4 局部压损

由于气室进出口、狭缝进出口出现断面变化，所以要考虑局部压损（气室长度较短，加之气室内的气粉两相流速度很小，可以作为局部压损处理，但其值很小，往往可以忽略不计）。

从以上分析可知，考虑狭缝进口等断面变化，λ 取 0.07。

4.3　底喷粉射流在金属液中的穿透特性

4.3.1　狭缝型透气砖射流的特性

气粉射流的特性直接影响射流的穿透能力、粉粒的侵入量、气—固—液之间的反应效果、金属液的流动和透气砖侵蚀等。由于气粉流是两相流，直接测定它们的各种参数比较困难。但是作出某些假定后可使问题简化。如假定气粉流是理想气体与具有一定的物理性质和程度的固体颗粒所组成的均匀混合物；粉粒与气体分子间的碰撞可以忽略，而且它们之间也不发生传质过程；粉粒均匀地分布于气流中等等。这样就可以把不同密度的气粉流看成是均匀流，并且在某些条件下，也可以把气粉流的喷出过程看成是绝热过程。这样就可以利用流体力学的方法来研究和计算气粉流的主要特性和参数，从而确定最合适的喷吹参数。

由于钢包或铁包反应器的直径比射流直径大得多，即容器壁距射流的外部边界较远，对气流的分布不发生明显的影响时，也可以近似地看出自由射流，可以近似地应用自由射流的规律。由于粉剂较细，又要求具有足够高的喷出速度。流速足够高时，颗粒均匀分布于狭缝横截面内，形成具有和单相流体特性相类似的均相流动。因此，可以用气相射流模拟气固两相流结构。

4.3.1.1　透气砖自由射流结构实验研究

狭缝型透气砖的狭缝宽度 14mm 远远大于狭缝厚度 0.15mm。因此，可以认为气体在狭缝内的流动为平面流动。对应地，其射流为平面射流。

A　实验方法

a　狭缝纵向实验方法

为了研究方便，首先测试单个狭缝的流动特性。为营造单个狭缝条件，实验前将其周围的其他狭缝用胶封堵。在此基础上，对有相邻狭缝影响的狭缝平面流进行探讨。

测试前，用最大速度点标定几何中心，校准坐标信号与喷出截面的垂直度。沿狭缝纵向每隔 1.4mm 取一点进行扫描检测，在距喷口

4mm、14mm、24mm、34mm、44mm、54mm 的 6 个截面上进行扫描检测。取每一个检测点重复检测的平均值为最终结果。

图 4-43、图 4-44 给出了压力为 0.3MPa 时单个狭缝各点速度的测试结果。

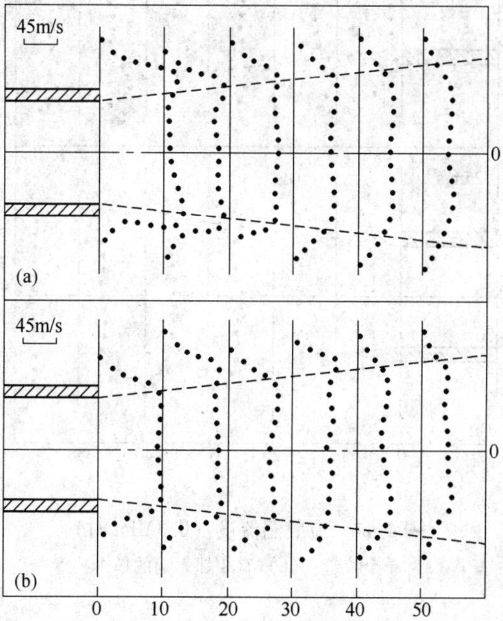

图 4-43　流股速度分布（0.3MPa 时）
（a）单个狭缝；（b）有相邻影响的单个狭缝

b　狭缝横向实验方法

狭缝横向采用单个狭缝，在 0.4MPa 的特定压力下进行测试。测试前在距喷口 10mm 的截面上进行扫描检测，找出最大速度点，标定几何中心，校准坐标信号与喷出截面的垂直度。沿狭缝横向（即狭缝厚度方向）每隔 0.01mm 取一点进行扫描检测，在距喷口 10mm 的截面上进行扫描检测。取每一个检测点重复检测的平均值为最终结果。图 4-45 为轴对称自由射流基本区域中距喷口 2mm 横截面上速度分布实验曲线；图 4-46 为轴对称自由射流基本区域中距喷口 2mm 横截面上速度无因次值 v_x/v_m 分布。

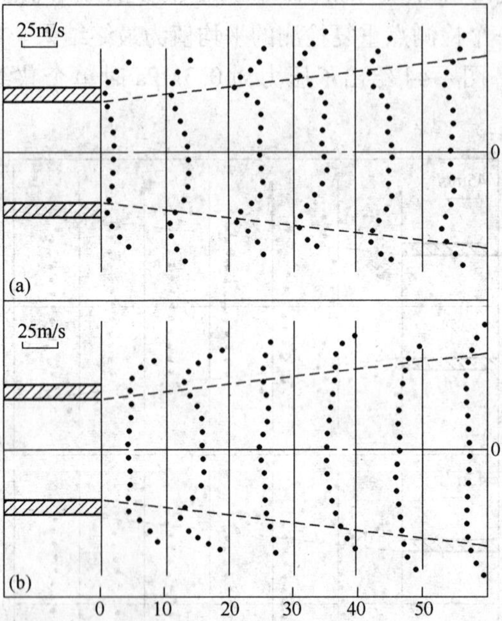

图 4-44　流股湍流度（0.3MPa 时）
（a）单个狭缝；（b）有相邻影响的单个狭缝

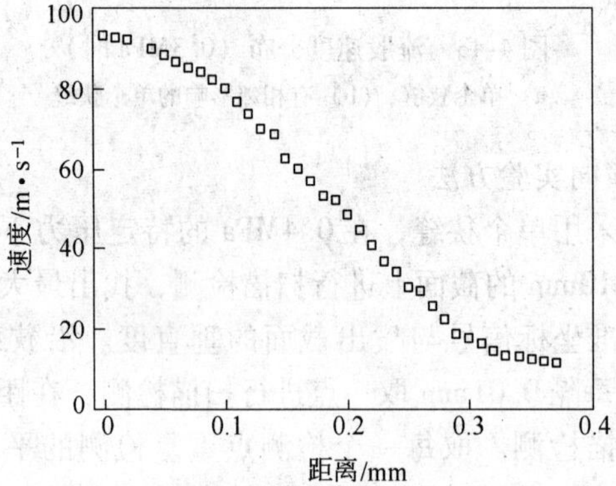

图 4-45　轴对称自由射流基本区域中距喷口 2mm
横截面上速度分布实验曲线

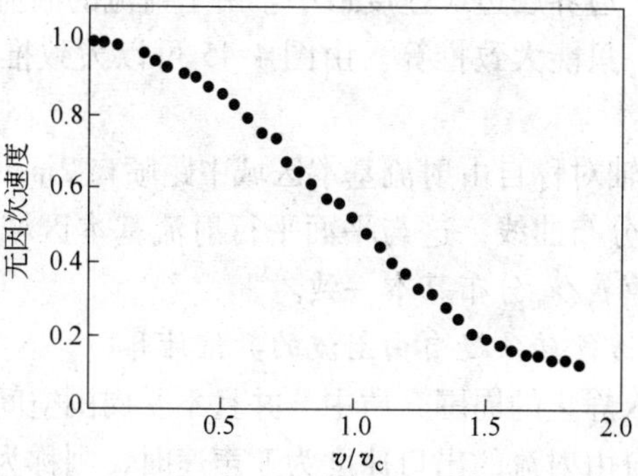

图 4-46 轴对称自由射流基本区域中距喷口 2mm 横截面上速度无因次值 v_x/v_m 分布

B 实验结果与分析

图 4-43 给出了不同实验条件下时均速度场测定结果。其中，图 4-43（a）为单个狭缝的流速分布，各测试截面上的速度分布相对于轴线而对称，符合自由流股的一般规律，靠近喷射外侧速度较大，主要是狭缝端口不规则、角部突然收缩的原因。图 4-43（b）为有相邻狭缝影响的狭缝流速分布。各测试截面上的速度分布相对于轴线而对称。由于射流组的相互混合和影响，使射流组中每一个射流和图 4-43 单个自由射流的流动规律有某些相异之处。特别明显的不同之处是，当射流组中两个相邻射流在离喷口一定距离相汇合以后，相互的混合和动量的交换，使速度场发生了较大的变化。离喷口愈远，速度场愈趋于均匀。

图 4-44 是与图 4-43 对应的喷流的湍流度分布。从中可见：

（1）在喷流中心速度大的区域，湍流度很小；

（2）在喷流四周与相邻流气流接触处速度差大，湍流度增大，动量和质量的交换变得强烈而有利于混合；

（3）在喷流外侧边缘处速度迅速降低，湍流速度变小。

这与环境介质的动量与质量交换造成较大的能量损失有关。

图 4-45 为轴对称自由射流基本区域中距喷口 2mm 横截面上的速度分布实验曲线。由图可以看出：距轴中心线越远，速度越小。轴中

心线速度最大，边界层边缘速度最小。由于射流的湍流边界层宽度很难准确地测出，只能大致推算。由图 4-45 可以大致推算出射流角为 28°。

图 4-46 为轴对称自由射流基本区域中距喷口 2mm 横截面上速度无因次值 v_x/v_m 分布曲线，这与平面平行射流基本区域中各横截面上的速度无因次值 v_x/v_m 分布基本一致。

4.3.1.2 透气砖狭缝自由射流的数值计算

当射流进入静止的周围介质中，并且不受周围空间的限制时，形成自由射流。自由射流的出口速度为亚声速时，则称为亚声速自由射流，其流动结构如图 4-47 所示。

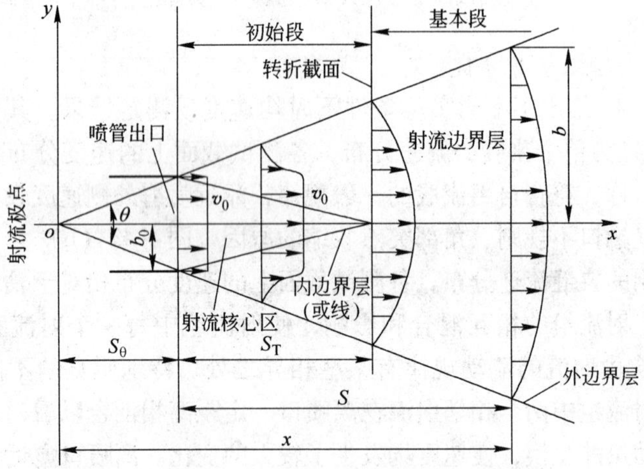

图 4-47 射流基本结构图

流体以超过临界速度的初速 v_0 均匀地从狭缝流出，为湍流流动。在流动中由于周围流体的不断掺入，射流的宽度逐渐增大，在射流中还保持射流初速 v_0 的区域（称射流核心区）则逐渐缩小。在离开狭缝出口一定距离以后，保持初速 v_0 的射流核心区就消失了。射流核心区完全消失的横截面称为转折截面，其离开狭缝出口的距离以 S_T 表示。在狭缝出口与转折截面之间射流段称为初始段，射流核心区就在初始段中，在转折截面以后的射流段称为基本段，在基本段中轴向流速逐渐减小，最后到零。射流与静止流体的交界面（流速为零）称为外边界面（或线），轴向流速还保持初速的边界面（射流核心区的边界面）称为内边界面。在内、外边界面之间的区域称为射流边界层，在转折截面以后整个射流都变成射流边界层。射流外边界线的交点 o 称为射流极点，它的位置在狭缝内。外边界线之间的夹角 θ 称为射流极角，也称为射流扩散角。

取自由射流的极点为坐标原点，x 轴方向与射流的方向平行，距射流极点为 x 处的湍流边界层宽度的一半为 b，如图 4-48 所示。

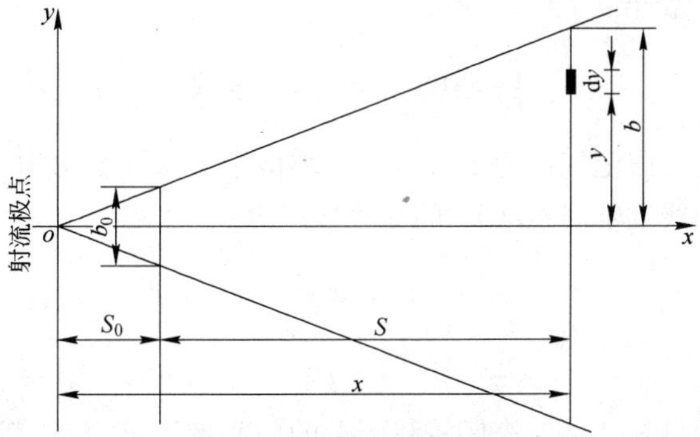

图 4-48　射流基本结构图

由于在整个射流中各处的压力都是相等的，根据动量定理，单位时间内射流各横截面沿 x 方向的动量保持不变，等于射流在狭缝出口处的动量。于是：

$$J = \int_0^F \rho v_x^2 \mathrm{d}f = 常数 \tag{4-76}$$

式中　J——气流质量的动量，kg · m/s²；

v_x——射流在任一截面上某点沿 x 轴的纵向速度，m/s；

ρ——气体密度，kg/m³；

$\mathrm{d}f$——微截面积，m²。

假如取射流的厚度为 1，则该横截面上的微元横截面积 $\mathrm{d}f$ 为：

$$\mathrm{d}f = \mathrm{d}y \times 1 \quad (\mathrm{m}^2) \tag{4-77}$$

将式（4-77）代入式（4-76），可得动量关系为：

$$J = \int_0^b \rho v_x^2 \mathrm{d}y \tag{4-78}$$

在狭缝出口处的初动量为：

$$J_0 = \rho \cdot v_0^2 \cdot b_0 \tag{4-79}$$

式中　b_0——狭缝高度的一半；

v_0——狭缝出口处射流的初速，并假定它在狭缝出口处是均匀分布的。

由于动量守恒 $J = J_0$，即：

$$\int_0^b \rho v_x^2 \mathrm{d}y = \rho v_0^2 b_0 = 常数 \tag{4-80}$$

同样地，假定气体为不可压缩，类似于圆截面自由射流的运算，可求得中心线上轴向速度 v_m 的变化规律为：

$$\frac{v_m}{v_0} = \frac{1.2}{\sqrt{\frac{ax}{b_0}}} \tag{4-81}$$

由上式可知，在射流任一截面上的中心速度 v_m 与该截面到极点的距离 x 的平方根成反比，可有下列关系：

$$v_m = \frac{常数}{\sqrt{x}} \tag{4-82}$$

由射流理论可知，$\varphi_b = \dfrac{b}{ax} = 2.4$，所以代入式（4-81）后即得：

$$\frac{b}{b_0} = 3.46\left(\frac{v_0}{v_m}\right)^2 \tag{4-83}$$

式（4-83）即表示射流中某一截面上边界层宽度与该横截面轴心线上的中心速度之间的关系。

在转折截面上，其中心速度 v_m 即等于射流初速 v_0，所以在转折截面上有下列关系：

$$\left(\frac{b}{b_0}\right)_{trs}^2 = 3.46 \tag{4-84}$$

同样，转折截面距射流极点的距离为 x_n，可将 $v_m = v_0$ 的关系代入式（4-81）得到：

$$\frac{ax_n}{b_0} = 1.44 \quad 或 \quad x_n = \frac{1.44b_0}{a} \tag{4-85}$$

在射流中的射流极点的深度 S_0，同样可由射流在基本区域和开始区域中的扩散角相同的假定求得。

$$\frac{b}{ax} = \frac{b_0}{as_0} \tag{4-86}$$

由于

$$\frac{b}{ax} = \varphi_b = 2.4$$

代入上式即得：

$$\frac{as_0}{b_0} = 0.41 \tag{4-87}$$

而

$$\frac{ax}{b_0} = \frac{as_0}{b_0} + \frac{as}{b_0} = 0.41 + \frac{as}{b_0} \tag{4-88}$$

将上式代入式（4-82）可得：

$$\frac{v_m}{v_0} = \frac{1.2}{\sqrt{\frac{as}{b_0} + 0.41}} \tag{4-89}$$

对于狭缝射流来说，上式中的实验常数 a 的数值约为 0.1 ~ 0.11。

射流的射出能力与射流的初速度和狭缝出口尺寸有关。所谓射出能力即为射流离开狭缝出口后，在一定距离内还保持较大速度的一种能力。当射流的初速和狭缝出口尺寸增加时，都会使射流的射出能力增加。

在射流初速和喷口尺寸相同的条件下，狭缝射流比圆形截面射流具有较大的射出能力。这是由于，在狭缝射流中，其轴向速度的减小与狭缝出口的距离的平方根成反比；而在圆形截面射流中，轴向速度减小与喷口的距离成反比。

在射流初速和喷口尺寸相同的条件下，要达到同样的射出能力，狭缝射流射出的距离比圆形截面射流射出的距离远。

4.3.2 狭缝型透气砖底喷粉穿透特性

固体颗粒浸入液体中时必须克服界面张力、正面阻力和浮力。只有当颗粒的浸入深度大于其直径时，才能认为它们已经浸入液体中。随气/粉射流一起喷入液体中的固体颗粒，可能出现下列四种情况：

（1）动能较大的颗粒能突破气/液界面进入熔池中；

（2）动能较小的颗粒到达气泡表面后没有能力克服表面张力的阻碍作用，就附着在气泡膜上进入渣相中或大气中；

（3）动能很小的颗粒悬浮在气泡中，随气泡一起进入大气中；

（4）在炼钢温度下蒸气压高的元素形成蒸气，在气泡上升过程中部分被金属液吸收，剩余部分随气泡一起进入大气中。

实验利用水力学模型，通过往水溶液中喷吹 NaCl 粉剂的方法，对浸入式狭缝底喷粉精炼工艺过程中底喷吹粉剂的特性进行了模拟研究。研究结果表明：

（1）粉剂通过相同出口截面积的狭缝和圆孔，在中心底喷粉及偏心底喷粉条件下，无论何种喷嘴，粉剂的穿透比随着空塔速度的增加先增大后减小，并存在一个最佳的空塔速度。

（2）由于狭缝射流厚度较薄，气流从狭缝出来后在狭缝的出口上方形成扁平的射流，易被周围的液体撕裂成许多小气泡，而小气泡的运动速度比大气泡慢，狭缝出来的粉剂在熔池中停留时间延长，粉剂有足够的速度差来穿透气泡表面进入液体中。

（3）通过狭缝厚度为 0.50mm、0.80mm 喷吹粉剂的穿透比研究表明，穿透比都是随着空塔速度的增加而先增大后减小。窄缝有利于提高喷粉穿透比。增大狭缝厚度，喷嘴出口处平面射流的厚度相应增加，射流抵御外力作用能力增强，气/粉混合段距离增大，粉剂与气泡不能有效分离，粉剂在熔池中停留时间缩短。

4.3.3 钢包狭缝底喷粉混匀特性

均匀混合时间是吹气（或喷吹粉-气两相流）精炼设备用来表示

其熔池内混合特性的一个重要参数。由于设备自身特性及搅拌条件的不同，各种精炼设备都有其特定的均匀混合时间。均匀混合时间的大小对精炼速度及效果、成分和温度的均匀化、夹杂物的排除速度等都有很大的影响。

在吹气搅拌的情况下，熔池的均混时间取决于气泡所施加给熔体的搅拌功率密度。在喷粉的情况下，粉剂的上浮也会对熔池产生搅拌作用。但与载气相比，粉剂的搅拌作用要小得多。例如，以用氮气喷吹 CaC_2粉剂为例，当固/气比为 40 时，粉剂与载气的搅拌能密度之比仅为 1∶100（固体颗粒的搅拌作用考虑为浮力和出口动能），故粉剂对均混时间的贡献可忽略不计，喷吹气体的状态下均混时间可用来表征喷粉状态下的均混时间。因此，在考察所喷入体系的混合特性时，实验中可以只吹气体，不喷吹粉剂，便可以研究喷粉过程的均混时间。而喷吹气体研究这方面内容很多，一些成果仍然能适用，在此就不赘述了。

5 底喷粉脱硫

本章研究的主要目的是利用设计好的底喷粉脱硫系统，对脱硫剂的气力输送进行研究，分析影响输送的各种因素，并在此基础上进行热模拟实验，探讨新工艺工业应用的可行性。

5.1 狭缝型透气砖底喷粉脱硫冷态模拟

由于受很多因素影响，对各种粉剂流动状态的研究还有很多问题没有解决，在实际应用中多采用经验公式。狭缝型底喷粉系统的设计参数会对粉剂输送产生影响，分析对输送产生影响的各种因素意义重大。

5.1.1 实验设备和方法

5.1.1.1 实验设备

实验设备如图 5-1 所示。

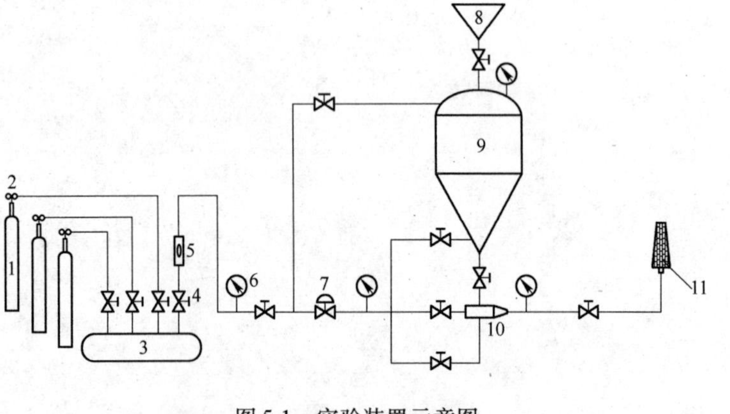

图 5-1 实验装置示意图

1—氮气瓶；2—减压阀；3—气包；4—调节阀；5—流量计；6—压力表；7—调压阀；8—加料斗；9—喷粉罐；10—喷射器；11—透气砖

实验用喷粉罐有效工作容积 0.18m^3；下粉喉口分别为 3mm、

4mm；输送管为白色透明塑料胶管，直径分别为 8mm、10mm；狭缝型透气砖的狭缝数量分别为 15 条、18 条；狭缝型透气砖结构尺寸为 $\phi 57\text{mm} \times \phi 87\text{mm} \times 160\text{mm}$，狭缝尺寸为 $0.15\text{mm} \times 14\text{mm} \times 160\text{mm}$。

5.1.1.2 实验方法

实验在不同的喉口直径、管径和透气砖透粉面积下，通过改变操作参数，研究不同结构和操作参数对粉剂输送的影响。

喷粉罐采用间歇式输送工作方式，每输送一次粉剂，即为一个工作循环。喷粉罐工作时，首先打开排气阀，接着开启进料阀。待输送的粉剂经进料阀进入喷粉罐，随着粉剂的不断加入，罐内的粉剂逐渐增加，当罐体内的粉剂达到一定的质量时，控制系统自动关闭进料阀和排气阀。当确定需要输送粉剂时，启动输送，由气源来的气体经调压阀降压后分成两路进入喷粉罐，喷粉罐进入输送状态。这两路气分别是加压（由加压管进入）、输送（包括气化和喷吹），而出料阀则控制输送粉剂的可否。加压阀开启，喷粉罐开始充压，当达到设定压力后，加压阀关闭，开启输送阀和出料阀，喷粉罐开始输送粉剂。待达到输送质量要求后，自动停止吹送。但输送气阀不能马上关闭，需继续吹气，将残余在管路中的料吹完。

5.1.1.3 实验用料

工业上采用的金属液脱硫剂种类很多。目前，普遍使用的有以下几种：活泼金属脱硫剂（如金属镁）、碳化物脱硫剂（如电石 CaC_2）、氧化物脱硫剂（如石灰 CaO）及复合脱硫剂（两种以上脱硫剂）等。

（1）活泼金属脱硫剂。铁水预处理常用活泼金属脱硫剂为覆膜混合镁粒，镁含量（质量分数）为 30% ~80%，其余为惰性物质。

从动力学观点看，镁脱硫由如下过程组成：镁熔化、气化，生成的气泡上浮；镁蒸气溶于铁水；在金属-镁蒸气泡界面，$Mg_{(S)}$ 与［S］反应生成 MgS，占镁脱硫的 3% ~8% 的硫；溶解的镁与硫反应生成硫化镁，为镁脱硫的主要反应；固态硫化镁上浮进入渣。

（2）碳化物脱硫剂。实际使用的碳化物脱硫剂大多为 CaC_2 脱硫剂，其含 CaC_2 约 80%（质量分数），含 CaO16%，其余是 C。CaC_2 吸收［S］后生成 CaS 的渣壳，使脱硫过程受到阻滞。所以，碳化钙须破碎成极细（0.12mm）的颗粒，但过细的碳化钙在铁水温度下烧结，脱硫效率反而不高。碳化钙中混入一定量的石灰石（$CaCO_3$）后，因其分解产生 CO_2，可防止碳化钙烧结。因分解反应吸热以及温度低、渣黏度高对脱硫不利，当铁水温度降到 1300℃ 或更低时，CaC_2就不是好的脱硫剂了。

（3）CaO 基钙系脱硫剂。CaO 由于资源丰富、价格便宜、安全无污染、对耐材侵蚀较轻，在铁水脱硫处理时被广泛使用。

用石灰做脱硫剂，需要把石灰磨细，磨细的石灰粉易吸水，生成的炉渣带走大量铁粒，脱硫过程须在高温下进行。

（4）复合脱硫剂。目前使用的复合脱硫剂主要有两类：以石灰粉为主的脱硫剂和以 CaC_2-Mg 为主的脱硫剂（也有加入 CaO 的）。

在上述几种脱硫剂中，石灰脱硫剂是冶金中常用的熔剂，其价格便宜且来源广泛，是脱硫剂中使用最广泛而且用量最大的一种廉价脱硫剂。用石灰作脱硫剂成本低，对环境污染较小，但是脱硫效率低，成渣量较大，并且容易受潮。电石 CaC_2 作脱硫剂，脱硫率高，反应速度快，但是碳化钙容易分解、炭化并形成易爆炸气氛。因此，贮存过程需密封保护，且碳化钙价格贵。由于钝化技术的应用，石灰受潮、电石易分解问题得到基本解决，为其广泛应用创造了条件。

在冶金动力学中，减小粉剂直径可以有效地增加比表面积，促进反应速度。从这方面考虑，颗粒的直径越小越好，但从粉剂穿透气/液界面考虑，小直径的颗粒又会降低颗粒的动能，需要更长的加速段距离。选择合理的载气流速度和颗粒直径、密度，再结合颗粒动能，可为喷吹工艺参数的制定提供理论依据。

实验采用石灰和电石作为脱硫粉剂。流态化钝化石灰的化学成分组成及理化性能见表 5-1、表 5-2；钝化电石粉剂含 CaC_2 大于 80%，其理化性能见表 5-3。

表 5-1　钝化石灰粉剂的化学成分

成　分	CaO	MgO	SiO_2	S	C	烧损
质量分数/%	80.42	3.2	7.46	0.12	1.60	6.00

表 5-2 钝化石灰粉剂的理化性能

项　目	松装密度/$kg \cdot m^{-3}$	堆积角/(°)	水活性（4mol/L HCl）/mL
测定值	1012	<5	348

表 5-3 钝化电石粉剂的理化性能

项　目	指　标	项　目	指　标
发气量(20℃、101.3kPa)/$L \cdot kg^{-1}$	280	乙炔中硫化氢(体积分数)/%	≤0.10
乙炔中磷化氢(体积分数)/%	≤0.08		

不同视场下钝化电石粉剂的颗粒形状如图 5-2 所示。

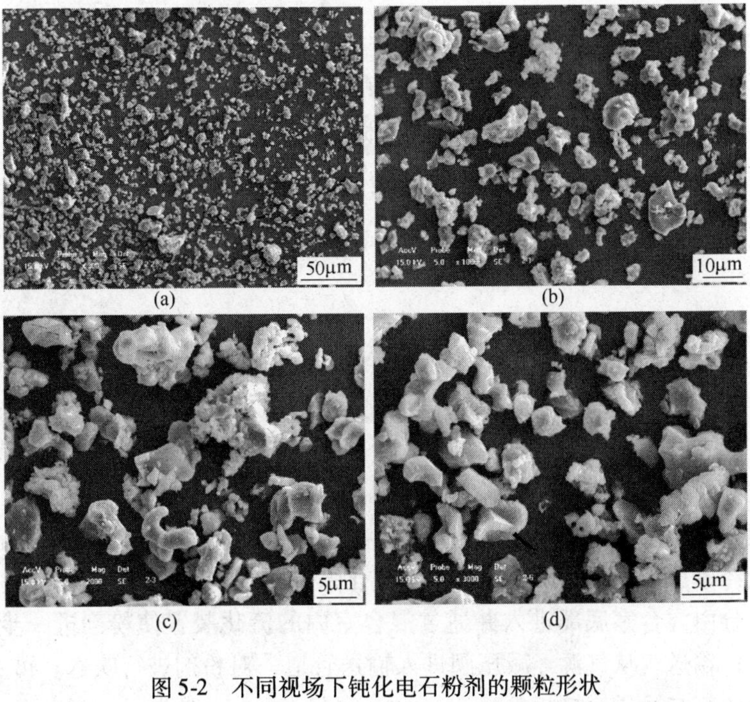

图 5-2 不同视场下钝化电石粉剂的颗粒形状
(a) 50μm 视场；(b) 10μm 视场；(c) 5μm 视场；(d) 5μm 视场

由 BT-9300H 型激光式粒度分布仪测得的粒度及其分布见表 5-4 及图 5-3。图 5-3 中，横坐标表示粒径范围（μm），左侧纵坐标为粒度累积分布，右侧纵坐标为粒度区间分布。

表 5-4 石灰的粒度测试结果

样品名称：石灰	样品来源：工作样品	介质名称：乙二醇
中位径（*D*50）：12.49μm	体积平均径 *D*［4，3］：16.41μm	面积平均径 *D*［3，2］：5.25μm
遮光率：39.65	比表面积：422.8m²/kg	样品折射率实部：1.838
样品折射率虚部：0.1		介质折射率：1.432

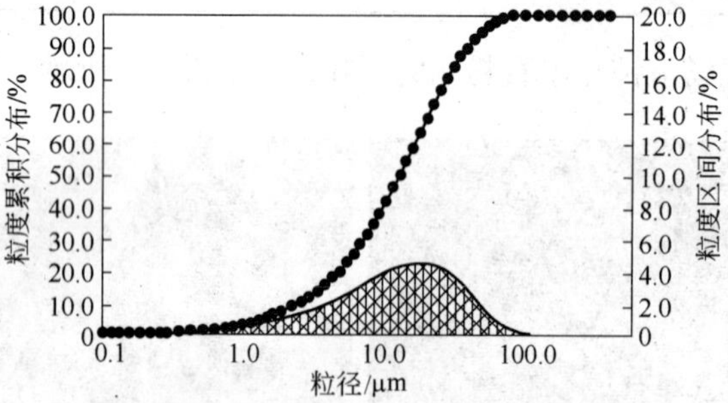

图 5-3 石灰粒度分布

5.1.2 实验结果与分析

5.1.2.1 气体流量对输送系统的影响

在实验系统中，来自气源的管路主要有充压气路、流化气路和输送气路。充压气对喷粉罐内的粉剂充压，使粉剂维持较高的正压，当罐底部出料阀打开时，粉剂即进入混合室，进而进入输送管道；流化气经减压阀一部分由喷粉罐下端气化室侧面进入使得粉剂流化，另一部分由混合室底部进入并通过混合室内的流化装置使粉剂进一步流化；输送气从气源经减压阀进入输送管道，对粉剂进行吹送。可见，输送气与输送直接相关。

输送粉剂的喉口直径为3mm、输送管径为8mm。透气砖共15条狭缝。实验时，改变输送管道上的压力，记录总管道上流量计的示数以及输送粉剂所用的时间。图 5-4 表明输送管道气体流量与固体质量流量的关系。

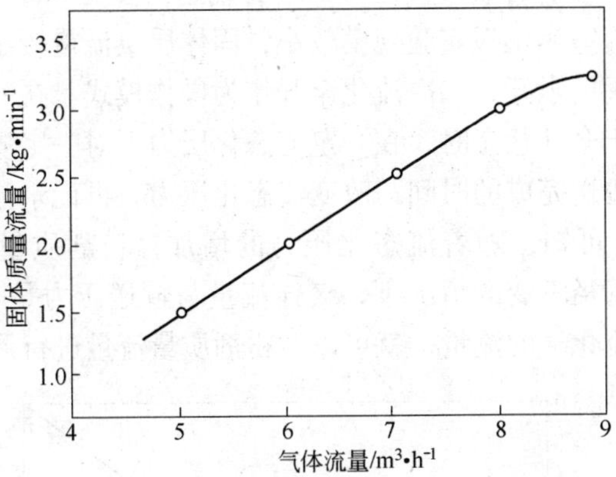

图 5-4　气体流量与固体质量流量之间的关系

由图 5-4 可知，随着气体流量不断增大，输送的粉剂的质量也在不断增大。当输送气量较低时，固体质量随着气体流量的增加而显著上升，但是当输送气体流量到达一定值后，固体质量流量基本趋于稳定。这主要是由于气体速度到达临界值，管道使固体质量流量增大的趋势变缓。

5.1.2.2　流态化压力对固体质量流量的影响

流态化气量对输送的固体质量影响较大，而流态化气量可以由流态化压力调定。由于罐底一次流化、混合室二次流化和输送气体（助吹）都是通过减压阀减压的，三者压力基本一致。输送气体阀门一般是全开的。一次流化阀门开度直接影响粉剂输送。实验证明，一次流化阀门的开度与输送效果的关系见表 5-5。

表 5-5　一次流化阀门开度与输送效果的关系

阀门开度情况	0	1/4	1/2	全
现　象	堵　塞	不　畅	较顺畅	顺畅

实验还发现，钝化电石粉剂比钝化石灰粉剂更容易进行。当二次流化阀门全部关闭、一次流化全开时，粉剂输送较顺畅；当一次流化阀门处于半开闭状态、粉气比较大时，固体质量流量也较大，但粉剂输送不够顺畅。

输送电石粉剂的喉口直径为3mm，输送管径为8mm。

由于实验室热模拟实验规模较小，固体质量流量较小。因此，选择一次流化阀门半开、二次流化全开作为操作模式。在一次流化、二次流化均处于全开状态时，在一定流态化压力下对一定质量的粉剂输送，记录下输送完成的时间；改变流态化压力，再记录输送时间。

由图5-5可知，随着流态化压力的增加，粉剂质量流量也在增加。在输送管径不变的情况下，气体流量与输送压力是一一对应的。因此，调节流化气的流量，就可以对粉剂质量流量进行调节。

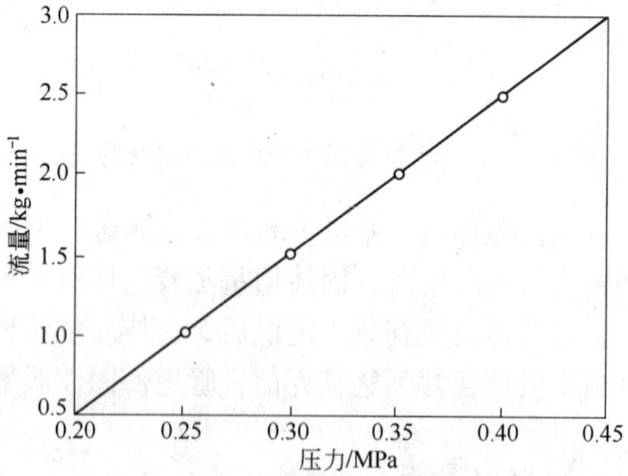

图5-5　流态化压力与电石粉剂质量流量的关系

5.1.2.3　系统压力损失

系统压力损失是影响气力输送系统设计的重要因素。系统压力损失包括喷粉罐压力损失、管道压力损失和透气砖压力损失等。

（1）喷粉罐压力损失。在总压力不变情况下，调整减压阀压力，先测出纯气体情况下的输出管上的压力，再测出喷粉情况下的输出管上的压力（罐顶压力不变），其压力差可近似认为就是喷粉罐压力损失。

喷粉罐压力损失为0.03～0.05MPa。

（2）管道压力损失。管道压力损失包括水平输送管和垂直输送管以及相连的弯管。由于试验弯管和垂直管很短，不到1m，因此仅测量水平管压力损失。

经测试在粉气比较大情况下，管道压力损失约为0.01MPa。

(3) 透气砖压力损失。透气砖压力损失包括气室内压力损失和狭缝内压力损失。在拆去透气砖情况下，测出输出管压力，在保持操作参数、结构参数不变的情况下，装上透气砖，测出输出管压力，其压力差可近似认为就是透气砖压力损失。

实验发现，压力损失与粉气比成正比，其值为0.01～0.06MPa（相对气体）。

5.1.2.4 粉剂粒度对输送的影响

实验用石灰粉剂的粒度为0.074～0.058mm（200～250目）、0.058～0.048mm（250～300目）、0.048mm（300目筛下）三种；喷吹压力不小于0.3MPa。

当粉剂粒径为0.074～0.058mm（200～250目）时，喷吹发现气室残留较多的粉剂，发生堵塞；

当粉剂粒径为0.058～0.048mm（250～300目）时，喷吹发现气室残留量较少，只占喷出量的20%（质量分数），但如不及时将残留量清除，也易发生堵塞；

当粉剂粒径小于0.048mm（小于300目）时，气室内没有残留物，全部喷出。

5.1.2.5 透气砖气室及狭缝参数的影响

透气砖气室未改进前，采用纯气突扩透气砖，发现阻力较大，粉剂易沉积，造成堵塞；气室经改进后，阻力较小，粉剂不易沉积，无堵塞现象。

当粉剂粒度大于0.048mm（大于300目）、粉气比大于20时，即出现堵塞现象。这是由于粉气比过大，阻损较大，进入气室的压力较小。

实验采用两种分别为15条、18条同样狭缝，结果发现：15条狭缝即透气面积31.5mm^2、输送管径8mm时，输送效果良好；而18条狭缝即透气面积37.8mm^2、输送管径10mm时，输送效果也表现良好。图5-6是15条狭缝、输送管径为8mm时粉剂的喷吹效果。

值得注意的是，狭缝总截面不能过大。否则，喷射速度较小，不利于粉剂进入金属液内部。同样，狭缝总截面也不能过小。不然，喷

图 5-6　喷吹效果

射速度虽然较大，但阻损显著增加，反向力加大。实验发现，狭缝总截面占输送管面积 40% ~70% 较好。

5.1.2.6　喉口直径对粉剂输送的影响

喉口直径大小对粉剂输送影响极大。一般来说，粉剂越细，喉口直径相应可以减少，但是对于黏性大、易吸水、质量轻的粉剂，喉口直径不能太小。喉口直径必须大于粉剂粒径的 5 ~7 倍，才有可能稳定输送。工业规模的喷粉系统目前一般都采用了可调节喉口大小的设备，以实现大范围调节给料速度。

实验喉口直径选取 3mm、4mm 两种。实验发现，喉口直径由 3mm 增大到 4mm 时，由于下料面积的增大，给料速度提高了约 70%。

由于热模拟实验要求给料速度很小，选取 3mm 喉口直径。在实验过程中发现该直径大小对于石灰输送要求较严。如罐内粉剂加入量过多，充压较高，则易出现堵塞，而对电石粉则无这种现象。

5.1.2.7　管径对粉剂输送的影响

输送管路管径直接影响输送特性。实验在固定其他输送参数和透气砖狭缝参数不变、只改变管径的情况下，发现当管径由 8mm 增大到 10mm 时，给料速度提高了约 10%。实验还发现选取的管道截面面积要与透气砖透气面积相对应，以确保透气砖内粉剂有较高的输送速度。

5.2 狭缝型透气砖底喷粉钢液脱硫热模拟

热模拟实验将以冷态实验为基础，进一步探讨通过设置在钢包底部的狭缝型透气砖实现喷粉脱硫的可行性。

5.2.1 实验设备

实验装置如图 5-7 所示。

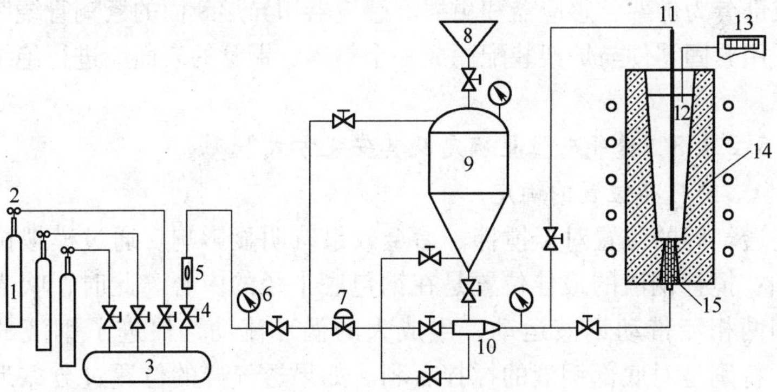

图 5-7 实验装置示意图

1—氮气瓶；2—减压阀；3—气包；4—调节阀；5—流量计；6—压力表；7—调压阀；8—加料斗；9—喷粉罐；10—喷射器；11—喷枪；12—测温热电偶；13—电位计；14—感应炉；15—透气砖

5.2.1.1 喷粉罐

实验用喷粉罐的主要技术参数见表 3-1。

5.2.1.2 中频感应炉

感应炉加热原理是电能通过电磁感应现象转变为热能，使金属加热、熔化并进行精炼。感应炉按其结构不同，分为有铁芯感应炉和无芯感应炉。前者适用于熔炼有色金属及其合金等；后者适用于熔炼钢及合金，特别是高级优质钢及特殊合金，也应用于感应加热或特殊铸造方面。

感应炉的特点是：没有其他设备中所存在的污染源，可获得较纯净的钢和合金；由于金属熔池内电磁搅拌作用，金属的化学成分和温度较均匀；功率和温度的调节简单方便，而且范围较广，能准确控制金属所需的温度；熔化速度快，金属和合金元素烧损不大，合金化过程易于控制，合金元素回收率高而稳定，从而保证符合钢种规格要求；感应炉电、热效率和生产率较高；设备占地面积小；劳动条件较好等。

实验采用100kW/150kg的中频炉无芯感应炉作为冶炼设备，选用镁砂打结成的碱性坩埚，倾炉装置采用电动卷扬机构。炉体的主要组成部分为炉架、感应器和坩埚。感应器用异形断面的紫铜管绕制而成，用紧固零件与炉架装配而成一个整体，铜管的表面应进行绝缘处理。

5.2.1.3　透气砖位置确定及其安装方式

A　透气砖位置的确定

透气砖的位置对于搅拌、冶金效果有明显影响。通过模拟试验得知：搅拌钢液的最佳位置是在钢包底半径的中心。此时，吹入的气固两相流带动钢液运动，生成大的涡环流动，促进了钢液的混合，特别是对底部钢液的搅拌有利。如果透气砖的位置过分靠近包壁，所产生的流动虽对搅拌有利，但对包壁有冲刷，对包衬的寿命不利。透气砖越靠近包底的边缘，混匀时间越短，越靠近包底中心，混匀时间越长。但从包衬寿命的角度来看，透气砖越靠近包底边缘，则包衬因冲刷而受的侵蚀越严重。综合考虑以上两方面的因素，可以认为将透气砖置于包底半径中心的位置是比较理想的。通过狭缝喷粉水模型研究得出：偏心底喷吹时熔池的搅拌效果最佳，底部中心喷吹的搅拌效果次之，侧部喷吹的搅拌效果最差。由于感应坩埚熔池很小，只有200mm，透气砖设置在坩埚的中心位置是适宜的。

B　透气砖安装方式

透气砖安装有内装式和外装式两种。在实际应用中，由于内装式装卸不便、处理事故麻烦等问题，大都采用外装式，外装式有以下特点：

（1）安全性。机械、耐材安全可靠，组合式防漏钢结构可完全避免钢液的泄漏；

（2）可靠性。钢包热态下更换透气砖操作，对底吹效果不好的透气砖可进行即时更换。

（3）可控性。透气砖可根据钢种不同，采用宽度为 0.12 ~ 0.18mm 的条缝，可调吹气压力，以满足不同钢种吹气的需要。

（4）结构简单。该项系统由座砖、套砖、透气砖、紧固装置组成，分别制作，组合安装。

（5）快速周转。一个透气砖冷态安装平均为 15min，热态更换透气砖平均为 20min。

因此，在实验中透气砖安装选用外装式。

5.2.1.4 喷枪

喷粉冶金用的喷枪，按喷头形状可分为单孔、多孔、倒 T 形和侧 T 形等喷枪。单孔喷枪由空心钢棒和外套袖砖所组成。在钢棒与袖砖之间留有绝热间隙，以减少对钢棒的传热。在喷枪的头部装一镶嵌块以承受袖砖的质量。有的喷枪则在空心钢棒外面整体打结耐火材料。

实验用喷枪，管芯为普通无缝碳素钢管，外层为高铝耐火浇注料，其外径约为 100mm。

5.2.1.5 热电偶

用 Pt-Rh6%-Pt-Rh30% 热电偶配合 uj 电位计测量炉温。

5.2.2 喷吹工艺参数

主要喷吹工艺参数见表 5-6，其中带 * 号的为顶喷粉参数。

表 5-6 主要喷吹工艺参数

粉剂类型	氮气总压力 /MPa	喷吹罐压力 /MPa	喷吹压力 /MPa	喷粉速度 /kg · min^{-1}
CaO	0.5（0.2*）	0.45（0.15*）	0.4（0.1*）	约 5
CaC_2	0.45	0.4	0.35	约 5

5.2.3　脱硫实验

5.2.3.1　脱硫实验工艺流程

脱硫实验工艺流程见图 5-8。

图 5-8　钢液脱硫实验工艺流程

5.2.3.2　钢液脱硫操作过程

A　装料熔化

用生铁块模拟废钢。每次称量 100kg 生铁块装入炉内。装料完毕后通电，感应炉熔化铁块，功率控制在 60～80kW，熔化后取液样。

B　钢液脱硫处理

底喷粉：处理前测量钢液温度和熔池深度。底吹氮气流量在短时间内由 0.04m^3/min 逐渐增至 0.15m^3/min 左右时，开始喷吹钝化脱硫粉剂，一次喷吹脱硫粉剂为 1kg。分若干组试样。喷吹结束后继续底吹氮搅拌，一般底吹 8～10min，其流量调整为 0.10m^3/min。处理后，及时扒渣。

顶喷粉：处理前测量钢液温度、熔池深度。顶吹氮气流量控制在 0.07m^3/min 左右，先喷气，后喷吹钝化脱硫粉剂，一次喷吹脱硫粉剂为 1kg。分若干组试样。喷吹结束后继续吹氮搅拌，一般喷吹时间 8～10min。处理后及时扒渣。

C　铸锭

脱硫处理结束后，将处理后的钢液倒入钢锭模中铸成钢锭。

5.2.4　实验结果

底喷吹石灰粉剂，实验结果见表 5-7。

底喷吹电石粉剂，实验结果见表 5-8。

顶喷吹石灰粉剂，实验结果见表 5-9。

表 5-7 底喷石灰粉实验结果

项目	喷粉量 /kg·t^{-1}	钢液 w[S]/%		脱硫率 /%	喷粉时间 /min	总处理 时间/min	钢液温降 /℃
		喷粉前	喷粉后				
B1	10	0.030	0.014	53	2	11	23
B2	10	0.032	0.014	56	2	11	24
B3	10	0.029	0.011	62	2	11	20
B4	10	0.031	0.013	58	2	11	22
B5	10	0.027	0.009	67	2	11	22

表 5-8 底喷电石粉实验结果

项目	喷粉量 /kg·t^{-1}	钢液 w[S]/%		脱硫率 /%	喷粉时间 /min	总处理 时间/min	钢液温降 /℃
		喷粉前	喷粉后				
C1	10	0.031	0.010	68	2	11	21
C2	10	0.032	0.008	75	2	11	20
C3	10	0.030	0.008	73	2	11	18

表 5-9 顶喷石灰粉实验结果

项目	喷粉量 /kg·t^{-1}	铁水 w[S]/%		脱硫率 /%	喷粉时间 /min	总处理 时间/min	铁水温降 /℃
		喷粉前	喷粉后				
D1	10	0.034	0.017	50	2	11	29
D2	10	0.030	0.016	47	2	11	27
D3	10	0.031	0.017	45	2	11	31

5.2.5 分析讨论

5.2.5.1 脱硫热力学分析

若钢液硅含量（质量分数）在0.05%以上时，石灰脱硫反应为：

$$2(CaO)_{(s)} + [S] + \frac{1}{2}[Si] = (CaS)_{(s)} + \frac{1}{2}(Ca_2SiO_4) \quad (5\text{-}1)$$

若钢液含硅很低时，脱硫反应为：

$$(CaO)_{(s)} + [S] + [C] = CaS_{(s)} + CO_{(g)} \quad (5\text{-}2)$$

电石脱硫反应式为：

$$CaC_{2(s)} + [S] \xlongequal{} CaS_{(s)} + 2[C](饱和) \tag{5-3}$$

根据理论计算，1350℃时，铁水的平衡硫含量（质量分数）分别为0.37%、$4.9\times10^{-5}\%$。因脱硫产物中有高熔点的$2CaO\cdot SiO_2$，它在石灰粒表面形成很薄而致密的一层，阻碍了脱硫反应的继续进行，从而降低了氧化钙的脱硫效率和脱硫速度。

CaC_2实际能达到的最低硫含量（质量分数）约为0.001%左右，比理论值高很多，离平衡状态较远，应该是动力学因素在起作用。

温度的升高对脱硫剂有利。因此，试验开始时温度控制在1450℃左右。

5.2.5.2　脱硫动力学分析

由于石灰、电石粒径很小，增加了比表面积，反应更充分。喷吹粉剂载气要有足够的压力，以保证固体粉粒有足够的速度穿透气液界面进入金属液，否则细小的粉粒随气泡上浮不能参与脱硫反应，粉剂的利用率较低。由于粉剂有良好的流动性，加之其尺寸很小，从而减少了阻力增加喷入速度。另外，底部喷粉较之顶喷粉搅拌强烈，加速了脱硫反应的进行。

脱硫粉剂能否浸入金属液中，取决于粉粒的速度、粒度和体系的界面张力等因素。固体颗粒浸入金属液中必须克服界面张力、正面阻力，由于粉粒很细，粉粒在浸入金属液的过程中的浮力不起什么作用。当粉粒一定时，粉粒必须具有一定的速度浸入金属液；然而如喷入速度过高，易将金属液面上的渣卷入金属液中。虽然粉剂的粒径很小，能增大反应的界面面积，但粒径过小，难以浸入金属液中，而易被裹在气泡中带走，降低粉剂的利用率。因此，在不影响渣面大的波动情况下，应尽量提高粉粒喷入速度。

5.2.5.3　喷吹时间

喷吹时间由喷吹前喷气时间、脱硫反应需要的时间、喷粉后混匀时间等决定。

在进行喷粉前，先喷气，后喷粉。由于喷粉是在较高喷吹压力下进行的，因此，喷粉前短时间的喷气，维持在较高的压力。该时间一般在0.5～1min左右。纯喷粉时间也就是脱硫反应所需要的时间，由脱硫速率方程式确定。脱硫速率方程式为：

$$\ln\frac{[S]}{[S]_0} = -k \cdot t \tag{5-4}$$

式中 t——脱硫所需的时间，min；

$[S]_0$,$[S]$——喷粉前、后钢中的硫含量（质量分数），%；

k——脱硫速率常数，min^{-1}。

由实验可以测出，Mg + CaO 的脱硫速率常数为 $0.25min^{-1}$。

喷粉后，为充分排除钢中脱硫产物需进行少量吹氮搅拌，其时间的长短由混匀时间推算。

由于喷吹为稀相输送，输送的粉剂很少，可忽略粉剂的搅拌影响。氮气喷吹粉剂结束后继续供气，以搅拌钢液，使脱硫剂充分反应，其搅拌能表示为：

$$\varepsilon = 28.5Q/W \cdot T\log(1 + Z/148) \tag{5-5}$$

式中 ε——搅拌能，W/t；

W——钢液装入量，t；

Q——底吹氮气流量，m^3/min；

Z——熔池钢液深度，cm。

实验中：$W = 0.1t$，$Q = 0.15m^3/min$，$T = 1723K$，$Z = 30cm$。代入式（5-5），得：

$$\varepsilon = 5904.3 \quad (W/t)$$

混匀时间τ_m由式（5-6）表示：

$$\tau_m = 800 \cdot \varepsilon^{-0.4} = 24.8 \tag{5-6}$$

由于底吹搅拌效果良好，经过 9min 左右的处理，钢液脱硫率可达 75%；而顶喷粉钢液脱硫率最高可达 50%。因此，底喷粉脱硫获得了明显的冶金效果。

5.2.5.4 对钢液液面的影响

底喷粉：喷吹粉剂前，气体压力逐渐增大至正常喷吹值，钢液液面波动较大；喷吹粉剂时，钢液液面波动反而较小，没有出现任何喷溅现象。

顶喷粉：喷吹粉剂时，钢液液面波动较大，时而出现喷溅现象。

5.2.5.5　对渣量、铁损、脱硫剂利用率的影响

底喷粉：整个实验过程发现渣量很少，由此裹带的金属珠也很少，说明脱硫剂利用率高。

顶喷粉：整个实验过程发现渣量较多，由此裹带的金属珠也很多，说明脱硫剂利用率较低。

5.2.5.6　对温降的影响

底喷粉：平均钢液温降为22℃。

顶喷粉：平均钢液温降为29℃。

5.2.5.7　对处理周期的影响

底喷粉：由于免去了顶喷枪运行及准备时间等，处理周期大大缩短。

顶喷粉：由于顶喷枪运行及准备时间等，处理周期较之底喷吹多5min。

5.2.5.8　其他

A　渣中 FeO 和 MnO 的总含量

试验主要是验证狭缝型透气砖底喷粉脱硫的可行性，没有对炉渣进行改质处理，加改渣渣料，一定程度上影响了脱硫效果。

炉渣的氧化性对喷粉脱硫的效果有很大影响。$w(FeO+MnO)$小于2.4%时，喷粉脱硫的效果较好。若能达到更高的脱硫率（90%以上），应使$w(FeO+MnO)$小于1%。

B　金属液中的氧含量

硫和氧是同族元素，但氧比硫的化学性质更活泼。当向钢液中加入脱硫渣剂时，氧会首先与之发生反应而导致炉渣的脱硫效果明显降低。所以要想得到极低硫含量的钢必须先得到极低氧含量的钢，钢液的氧含量越低，越有利于脱硫率的提高。当$w[O]$大于0.001%时，便会对脱硫产生不利的影响。

C　钢中酸溶铝的含量

向钢中加入一定量的铝，可以使钢中处于良好的脱氧状态。虽然酸溶铝对硫的活度系数影响不大，但是当它的含量较高时，可将钢液中的氧含量控制在较低水平，减少了钢液中的氧对脱硫粉剂的消耗，有利于脱硫反应的进行。不过，当$w[Al_S]$超过0.03%时，钢中的铝

很容易与渣中的氧结合，还原渣中的 SiO_2 和 MnO 等化合物，使钢中聚集的 Al_2O_3 增加；另外，过高的 $w[Al_S]$ 还会增加浇铸时钢液的二次氧化，形成 Al_2O_3。如果不能最大限度地去除 Al_2O_3，钢的总氧含量和夹杂物总量会有所升高。钢中 $w[Al_S]$ 应控制在 0.03% ~0.05%。

另外，对氮较敏感的钢种，脱硫处理后期宜改用氩气进一步软搅拌。

5.2.6 结论

（1）用狭缝型透气砖进行铁水预处理脱硫和二次精炼脱硫，该工艺操作简单，稳定可靠，粉剂利用率高，无喷溅和顶喷枪污染金属液现象，金属损耗少，温降小，处理周期短，投资省，是比较理想的脱硫新工艺。

（2）用狭缝型透气砖进行铁水预处理脱硫，实验结果表明：实验处理后，平均脱硫率为59%，较之常规顶喷粉，脱硫效果好。

（3）工业性生产时，由于容器容量大，液面较稳定，温降会更小。

（4）用狭缝型透气砖进行底喷粉脱硫新工艺具有广阔的应用前景。

参 考 文 献

[1] 战东平. 钢的二次精炼过程预熔渣深脱硫理论与工艺研究［D］. 沈阳：东北大学，2003.

[2] 李正邦. 钢铁冶金前沿技术［M］. 北京：冶金工业出版社，1997.

[3] 徐曾啟. 炉外精炼［M］. 北京：冶金工业出版社，1994.

[4] 曲英. 炼钢学原理［M］. 北京：冶金工业出版社，1980.

[5] 戴云阁，李文秀，尤腾春. 现代转炉炼钢［M］. 沈阳：东北大学出版社，1998.

[6] 梁连科，车荫昌，杨怀，等. 冶金热力学及动力学［M］. 沈阳：东北工学院出版社，1990.

[7] 邹友生. 铁水喷粉脱硫数学模拟［D］. 沈阳：东北大学，2001.

[8] 韩俊. 宝钢铁水预处理模式的研究［D］. 北京：北京科技大学，2004.

[9] 张信昭. 喷粉冶金基本原理［M］. 北京：冶金工业出版社，1988.

[10] 张荣生. 钢铁生产中的脱硫［M］. 北京：冶金工业出版社，1986.

[11] 王楠. 浸入式喷粉铁水脱硫过程的模拟研究［D］. 沈阳：东北大学，2000.

[12] 中国科学技术情报研究所重庆分所. 高炉生铁的炉外脱硫［M］. 重庆：科学技术文献出版社重庆分社，1979.

[13] 杨世山. 铁水预处理与纯净钢冶炼［C］. 全国铁水预处理技术研讨会文集. 大连，2003：43～59.

[14] 张鉴. 炉外精炼的理论与实践［M］. 北京：冶金工业出版社，1993：316～323.

[15] 知水，王平，侯树庭. 特殊钢炉外精炼［M］. 北京：原子能出版社，1996.

[16] 战东平，姜周华，王文忠，等. $CaO-Al_2O_3-CaF_2-MgO-SiO_2$五元预熔渣系钢水深脱硫实验研究［J］. 钢铁，2002，37（s）：414～416.

[17] 战东平，姜周华，王文忠，等. 预熔精炼渣钢水深脱硫实验研究［J］. 材料与冶金学报，2002，1（1）：65～68.

[18] 姜周华，张贺艳，战东平，等. LF炉冶炼超低硫钢的工艺条件［J］. 东北大学学报（自然科学版），2002，23（10）：952～955.

[19] 战东平，姜周华，王文忠，等. 150t EAF-LF预熔精炼渣脱硫试验研究［J］. 炼钢，2003，19（2）：48～51.

[20] 战东平，姜周华，李成斌，等. 预熔渣对RH用镁铬砖的侵蚀行为［C］. 炼钢辅助材料应用技术，北京：冶金工业出版社，2003，166～169.

[21] 梶冈博幸著. 炉外精炼［M］. 李宏译. 北京：冶金工业出版社，2002：119.

[22] 郑建忠，黄宗泽，费惠春，等. RH精炼过程深脱硫的试验研究［J］. 宝钢技术，1999（6）：33～36.

[23] 刘浏. 超低硫钢生产工艺技术［J］. 特殊钢，2000，21（5）：29～33.

[24] 李阳. $CaO-Al_2O_3$基渣系脱硫能力的实验研究［D］. 沈阳：东北大学，1999.

[25] 姜周华 . UHP 电弧炉兑铁水及 LF 炉精炼埋弧渣冶炼工艺理论及应用 [D] . 沈阳：东北大学，2000.

[26] 陆钢，成国光，宋波，等 . 超低硫钢精炼工艺 [J] . 北京科技大学学报，2000，22 (4)：320 ~ 323.

[27] 柯树华 . 钢包加固体合成渣脱硫试验总结 [J] . 炼钢，1991，17 (3)：10 ~ 15.

[28] 万真雅，郭上型 . LF（钢包炉）固体合成渣脱硫工业性试验研究 [J] . 钢铁，1995，30 (9)：14 ~ 18.

[29] 战东平，姜周华，李成斌，等 . 不同碱度的预熔精炼脱硫渣对 RH 用镁铬砖的侵蚀 [J] . 耐火材料，2005，39 (1)：75 ~ 76.

[30] Dong-ping ZHAN, Zhou-hua JIANG, Wen-zhong WANG. Development of deep desulfurization technology with premelted slag during RH-KTB refining [J] . Developments in chemical engineering & mineral, 2006, 14 (3/4): 375 ~ 384.

[31] 王玉辉，战东平，代春江，等 . 抚钢轴承钢预熔渣冶炼试验研究 [J] . 钢铁产业，2006 (3)：12 ~ 14.

[32] 龙川江，陈锦松，战东平，等 . 宝钢铁水预脱硫用复合颗粒钝化镁开发 [J] . 钢铁，2007，42 (12)：29 ~ 31.

[33] 龙川江，战东平 . 宝钢全量铁水预处理的实践 [J] . 钢铁，2008，43 (1)：6 ~ 9.

[34] 徐匡迪，蒋国昌，郭占成，等 . 超低硫钢冶炼技术的研究 [J] . 钢铁，1989，24 (8)：12 ~ 16.

[35] 顾文兵，刘晓，杨宝权 . 宝钢电炉纯净钢生产实践 [J] . 钢铁，2000，35 (3)：16 ~ 18.

[36] 有賀昭三，中島敢之，鶴岡重男，ほか. 粉体吹込み精煉による低酸素极低硫鋼製造技術の檢討 [J] . 鉄と鋼，1979，65 (4)：S155.

[37] HASSALL G J, JACKAMAN D P, HAWKINS R J. Phosphorus and sulphur removal from liquid steel in ladle steelmaking processes [J] . Ironmaking and Steelmaking, 1991, 18 (5): 359 ~ 369.

[38] 梅沢一誠，梶岡博幸 . 取鍋精煉法における精煉反応と精煉限界について [J] . 鉄と鋼，1977，63 (13)：2034 ~ 2042.

[39] 屠宝洪，柴文彬，林纲，等 . 顶渣吹氩搅拌法生产超低硫钢 [J] . 炼钢，1997，13 (4)：3 ~ 6.

[40] 沢村信幸，大西稔泰，石光国男，ほか. Caフラックスインヅェクショソ法による溶鋼処理技術 [J] . 鉄と鋼，1978，64 (4)：S116.

[41] 林纲，徐匡迪 . 喷粉精炼超低硫钢工艺的试验研究 [J] . 化工冶金，1990，11 (4)：89 ~ 295.

[42] 朱卫民，李炳源 . RH 真空脱硫的热力学研究 [J] . 上海金属，1990，12 (6)：19 ~ 22.

[43] 刘良田 . RH 真空深度脱硫 [J] . 武钢技术，1990，28 (1)：16 ~ 20.

[44] 高石昭吾，小舞忠信，水上義正，ほか. RHを利用した極低硫・低酸素鋼製造技術 [J]. 鉄と鋼，1980，66（4）：S131.

[45] 森明義，佐藤光信，加藤木健，ほか. RH 槽内フラックスインヅェクショソによる溶鋼精錬 [J]. 鉄と鋼，1985，71（4）：S190.

[46] 古崎宣，吉井正孝，高本久，ほか. RHインヅェクショソ法の開發 [J]. 鉄と鋼，1986，72（4）：S261.

[47] 遠藤公一，金子敏行，长田修次，ほか. RHインヅェクショソ法による脱硫におよぼす諸要因の影響 [J]. 鉄と鋼，1986，72（4）：S263.

[48] 周宏，吴晓春. 硫在 $CaO-Al_2O_3$ 系熔渣与钢液间的分配率 [J]. 钢铁，1995，30（6）：14～21.

[49] TURKDOGAN E T. Slags and Fluxes for Ferrous Ladle Metallurgy [J]. Ironmaking and Steelmaking，1985，12（2）：64～78.

[50] SHARMA R A，RICHARDSON F D. Activities in lime-Aluminate Melts [J]. J. Iron Steel Institute，1961，198：177～179.

[51] 赵玉祥，沈颐身. 现代冶金原理 [M]. 北京：冶金工业出版社，1993.

[52] RIBOUD P V，GETALLIER C. New Products：What Should be done in Secondary Steelmaking [J]. Ironmaking and Steelmaking，1985，12（2）：79～86.

[53] FRUEHAN R J. The Thermodynamics and Process Dynamics of Ladle Furnace Refining Process [J]. ISS Transactions，1985. 6：43～49.

[54] 成田貴一，牧野武久，松本洋. $CaO-Al_2O_3-CaF_2$ 系フラックスにょる脱酸脱硫について [J]，鉄と鋼，1979：S646.

[55] 辻野良二，荻林成章，向井達夫. 取鍋粉体吹込における脱硫擧動 [J]. 鉄と鋼，1984：S1005.

[56] 小仓康嗣，菊地良辉，长谷川辉之. 二次精炼ブフロセスの開発と低酸素、低硫鋼溶制法の确立 [J]. 鉄と鋼，1986，72（9）：1309～1315.

[57] 副島利行，斉藤忠，松本洋. RH 槽内合成フラックス添加にょる溶鋼脱硫 [J]. 鉄と鋼，1984，70：S979.

[58] 战东平，姜周华，罗建江，等. RH-KTB 预熔渣深脱硫实践 [J]. 钢铁，2005，40（11）：27～29.

[59] BANIYA S，HINO M，KAJI T，et al. Sulphur Solubility in $CaO-Al_2O_3$ and $CaO-Al_2O_3-CaF_2$ Slags [J]. Developments in chemical engineering & mineral，2006，14（3/4）：171.

[60] ERIKSSON G，PELTON A D. Critical Eraluation and Optimization of the Themodynamics Properties and Phase Diagrams of the $CaO-Al_2O_3$ [J]. $Al_2O_3-SiO_2$，and $CaO-Al_2O_3-SiO_2$ Systems. Metall. Trans.，1993，24B（10）：807～816.

[61] INOUE R，INOUE H，SUITO H. Partitions of Nitrogen and Sulphur between $CaO-Al_2O_3$ Melts and Liquid Iron [J]. ISIJ International，1991，31（12）：1389～1395.

[62] PRESERN V，KOROUSIC B，HASTIE J W. Thermodynamic Conditions for Inclusions Mod-

ification in Calcium freated Steel [J]. Steel Research, 1991, 62 (7): 289 ~ 295.

[63] SIMEONOR S R, IVANCHER I N, HAINADJIEV A V. Sulphur Equilibrium Distribution between CaO-CaF_2-SiO_2-Al_2O_3 Slags and Carbon Saturated Iron [J]. ISIJ International, 1991, 31 (12): 1396 ~ 1399.

[64] MARK A, HUBBARD, HOWARD M, et al. Process Economics of Desulfurization from the Blast Furnace to the Steel Ladle [J]. Steelmaking Conference Proceedings, 1990, 73: 357 ~ 366.

[65] JAGDISH C AGARWAL, JOHN A, Dehuff, Robert V Flint. Economic Benefits of Hot Metal Desulfurization to the Iron and Steelmaking Processes [J]. Ironmaking Conference Proceedings. 1981, 40: 146 ~ 170.

[66] 杨天钧，高征凯，刘述临，等. 铁水炉外脱硫的新进展 [J]. 钢铁，1999, 34 (1): 65 ~ 69.

[67] FINCHAM C J B, RICHARDSON F D. The behaviour of Sulphur in silicate and Aluminate melts [J]. Process Royal Society A, 1954, 223: 40 ~ 62.

[68] RICHARDSON F D, FINCHAM C J B. Sulphur in Silicate and Aluminate Slags [J]. J. Of the Iron Steel Institute, 1954, 178 (9): 4 ~ 14.

[69] BANIYA S, HINO M. Chemical Properties of molten slags [J]. ISIJ, Tokyo, 1991.

[70] OZTURU B, TURKDOGAN E T. Equilibrium Sulphur Distrubution Between Molten Calcium Aluminate and Steel, Part Ⅰ [J]. Metal Science, 1984, 18: 299 ~ 306.

[71] OZTURU B, TURKDOGAN E T. Equilibrium Sulphur Distrubution Between Molten Calcium Aluminate and Steel, Part Ⅱ [J]. Metal Science, 1984, 18: 306 ~ 309.

[72] SHARMA R A, RICHARDSON F D. Activities in lime-Aluminate Melts [J]. J. Iron Steel Institute. 1961, 198: 386 ~ 390 .

[73] KOR G J W, RICHARDSON F D. Sulphide Capacities of Basic Slags Containing Calcium Fluride [J]. Trans, Met. Soc. Of AIME. 1969, 245 (2): 319 ~ 327.

[74] NZOTTA M M, DU S, SEETH ARAMAN S. Sulphide Capacities in Multi Component Slags Systems [J]. ISIJ Inter. 1998, 38 (11): 1170 ~ 1179.

[75] DRAKALIYOKY E, DU S, SEETHARAMAN S. An Experimental Study of the Sulphide Capacities in the System Al_2O_3-CaO-SiO_2 [J]. Canadian Met. Qarterly, 1997, 36 (2): 115 ~ 120.

[76] SUSAKI K, MAEDA M, SANO N. Influence of Additives on Sulphide Capacity of CaO-CaF_2-SiO_2 Slags [J]. Met. Trans. 1990, 21B (12): 1081 ~ 1084.

[77] SUSAKI K, MAEDA M, SANO N. Sulphide Capacity of CaO-CaF_2-SiO_2 Slags [J]. Met. Trans. 1990, 21B (2): 121 ~ 129.

[78] NZOTTA M M. Experimental Determination of Sulphide Capacities in the Al_2O_3-MgO-SiO_2, Al_2O_3-MnO-SiO_2 and Al_2O_3-CaO-MgO Slaps in the temperature range 1773-1923k. SCAN [J]. J. Of Metall. 1997, 26: 109 ~ 177.

[79] NZOTTA M M, NILSSON R, DU S, et al. Sulphide Capacities in MgO-SiO_2 and CaO-MgO-SiO_2 Slags [J]. Ironmaking and Steelmaking, 1997, 24 (4): 300 ~ 305.
[80] NZOTTA M M, DU S, SEETH ARAMAN S. Sulphide Capacities in Some Multi Component Slags Systems [J]. ISIJ Inter. 1998, 38 (11): 1170 ~ 1179.
[81] MITCHELL F, SLEEMAN D, DUTTY J A, et al. Optical basicity of Metallurgical Slags: New Computer Based System for Data Unsualisation and Analusis [J]. Ironmaking and Steelmaking, 1997, 24 (4): 306 ~ 320.
[82] SHARMA R A, jRICHARDSON F D. Activities in lime-Aluminate Melts [J]. J. Iron Steel Institute. 1961, 198: 386 ~ 390.
[83] 李诗久．工程流体力学 [M]．北京：机械工业出版社，1990.
[84] 戴干策，陈敏恒．化工流体力学 [M]．北京：化学工业出版社，1988.
[85] 周亨达．工程流体力学 [M]．北京：冶金工业出版社，2002.
[86] 唐谟堂主编．冶金设备基础 [M]．长沙：中南大学出版社，2003：8.
[87] 程啸凡．工程流体力学 [M]．北京：冶金工业出版社，1985.
[88] 周建安，朱苗勇，潘时松．搅拌用透气砖阻力系数测试 [J]．特殊钢，2007，3，28 (3)：56 ~ 58.
[89] 山东工学院，东北电力学院．工程流体力学 [M]．北京：水利电出版社，1979.
[90] 伍悦滨，朱蒙生．工程流体力学泵与风机 [M]．北京：化学工业出版社，2006.
[91] 王奎升．工程流体与粉体力学基础 [M]．北京：中国计量出版社，2002.
[92] 周士昌编．工程流体力学 [M]．沈阳：东北工学院出版社，1987.
[93] 潘时松．钢包狭缝式底喷粉元件研制及粉气流行为特性研究 [D]．沈阳：东北大学，2008.
[94] 孙熙，柳敬献．除尘技术基础 [M]．沈阳：东北大学出版社，2003.
[95] 方丁酉．两相流体力学 [M]．长沙：国防科技大学出版社，1988.
[96] CARLSON D. J, HOGLIND. Particle Drag and Heat Transfer in Rocket Nozzle [J]. AIAA J, 1964, 2 (11): 1980 ~ 1984.
[97] 华绍曾，杨学宁等编译．实用流体阻力手册 [M]．北京：国防工业出版社，1985.
[98] 斯托伊斯著．气力输送及其应用 [M]．余州生编译．北京：人民交通出版社，1989：1.
[99] 赵沛主编．炉外精炼及铁水预处理实用技术手册 [M]．北京：冶金工业出版社，2004.
[100] 周建安，朱苗勇，潘时松．PFG 型铁液预处理喷粉罐的研制及应用 [J]．中国冶金，2006. 11，16 (11)：27 ~ 29.
[101] 冯聚和，艾立群，刘建华编著．铁水预处理钢水炉外精炼 [M]．北京：冶金工业出版社，2006.
[102] 李传薪主编．钢铁厂设计原理（下册）[M]．北京：冶金工业出版社，1997.
[103] 姚福国．关于喷粉罐主要工艺参数的确定 [J]．炼钢，1997，6：14 ~ 17.

[104] 姜金宁主编. 耐火材料工业热工过程及设备 [M]. 北京: 冶金工业出版社, 1984.
[105] 赵荣玖. 炉外精炼用粉剂喷吹罐及其设计分析 [J]. 特殊钢, 1988, 3.
[106] 周卫胜, 焦兴利, 刘前芝. 50t 钢包透气砖在生产中的应用 [J]. 安徽冶金科技职业学院学报, 2004, 16 (2): 14.
[107] 严学模, 蒋化一, 谭宗荣, 等. 连铸钢水吹氩工艺研究 [J]. 钢铁钒钛, 1996, 17 (1): 12~16, 27.
[108] 周建安, 朱苗勇, 潘时松, 等. 狭缝式透气砖内气流速度分布规律及阻力研究 [J]. 炼钢, 2007, 23 (1): 18~20.
[109] 郝晓琳. 气力输送系统中粉剂流动机理及实验研究 [D]. 青岛: 青岛科技大学, 2006.
[110] 吴业宏. 铁水预处理剂浓相输送和稳定性研究 [D]. 北京: 北京科技大学, 1990.
[111] 刘洪波, 于海燕, 尹卫平, 等. 铁水预处理粉剂输送影响因素研究 [J]. 山东冶金, 26 (4): 35~37.
[112] 孙中强. 铁水脱硫预处理的理论及工艺研究 [D]. 沈阳: 东北大学, 2006.
[113] 张妙法, 康复. 铁水用复吹转炉脱磷脱硫预处理的热模拟研究 [J]. 宝钢技术, 1994, 6: 34.
[114] 欧俭平. 鱼雷罐喷粉脱磷物理模拟 [D]. 沈阳: 东北大学, 2001.
[115] IRONS G A. Role of Mixing in Powder Injection Desulphurisation Processes [J]. Ironmaking and Steelmaking, 1989, 16 (1): 28~35.
[116] 罗志国. 利用转炉渣的铁水预处理脱磷过程模拟 [D]. 沈阳: 东北大学, 2003.
[117] 张利兵. 铁水喷粉处理物理模拟及优化 [D]. 沈阳: 东北大学, 2001.
[118] 朱苗勇, 萧泽强. 钢的精炼过程数学物理模拟 [M]. 北京: 冶金工业出版社, 1998.
[119] SAHAI Y, GUTHRIE R I L. Hydrodynamics of Gas Stirred Melts [J]. Metall. Trans., 1982, 13B (part Ⅰ): 193~202.
[120] LEHRER L H. Progress Design and Development [J]. I&EC, 1968, 7: 193.
[121] 李博, 朱荣, 蔡海涛, 等. 150t 钢包精炼炉喷粉脱硫的试验研究 [J], 钢铁研究学报, 2005, 17 (3): 75~78.
[122] 吴明, 汤曙光, 吴发达, 等. 复合喷射与单喷镁脱硫效果的分析比较 [J], 炼钢, 2006, 22 (3): 1~3.
[123] JIANG J P, YAMANOGLU G, GUTHRIE R. The Main Differences between Bubbling and Jetting Regime during Submerged Powder Injection [J]. Journal of University of Science and Technology Beijing, 1994, 1 (1~2): 36~44.
[124] 周建安, 朱苗勇, 潘时松, 等. 狭缝型透气砖底喷粉铁水脱硫的实验研究 [J], 钢铁研究学报, 2007. 19 (9): 14~16.
[125] 张先棹. 冶金传输原理 [M]. 北京: 冶金工业出版社, 1988, 195~197.
[126] 西多连柯 M Ф. 喷粉冶金的理论和实践 (下) [M]. 北京: 冶金工业出版社,

1983, 24 ~ 25.

[127] 侯勤福．鱼雷罐铁水喷粉预处理过程模拟与优化研究［D］．沈阳：东北大学，2003.

[128] 潘时松，朱苗勇，谭建平，等．精炼钢包狭缝喷粉水模型研究［J］．中国冶金，2008，18（3）：39 ~ 41.

[129] 周建安．狭缝型透气砖底喷粉钢包精炼新工艺研究［D］．沈阳：东北大学，2007.